电子技术实训教程

马国伟 编 著

清华大学出版社
北京

内 容 简 介

本书以提高读者的操作技能为目的，以"工作项目"为主线，创设工作情境，变书本知识的传授为动手能力的培养。

全书通过"常用元器件的识别和检测、串联型直流稳压电源的组装与调试、集成电路扩音机的组装与调试、调频贴片收音机的组装与调试、声光控开关的组装与调试、四路红外遥控装置的组装与调试"等六个学习情境，系统地介绍了从电子元器件识别与检测、电子工程图识读、PCB 设计与制作、电子产品装配工艺、电子产品调试、电子产品故障检修、电子产品质量认证到安全生产操作规范等电子产品组装与调试的相关知识和技能。

本书可作为高职高专电子、电气及自动化类专业学生进行实践性教学的指导用书，也可作为其他职业培训用书，还可作为有关电子技术人员的参考用书。

本书封面贴有清华大学出版社防伪标签，无标签者不得销售。
版权所有，侵权必究。侵权举报电话：010-62782989　13701121933

图书在版编目(CIP)数据

电子技术实训教程/马国伟编著. —北京：清华大学出版社，2020.7
ISBN 978-7-302-54606-1

Ⅰ．①电… Ⅱ．①马… Ⅲ．①电子技术—高等职业教育—教材 Ⅳ．①TN

中国版本图书馆 CIP 数据核字(2020)第 002534 号

责任编辑：陈冬梅　陈立静
装帧设计：王红强
责任校对：周剑云
责任印制：沈　露

出版发行：清华大学出版社
　　　网　　址：http://www.tup.com.cn, http://www.wqbook.com
　　　地　　址：北京清华大学学研大厦 A 座　　　邮　　编：100084
　　　社 总 机：010-62770175　　　　　　　　　　邮　　购：010-62786544
　　　投稿与读者服务：010-62776969, c-service@tup.tsinghua.edu.cn
　　　质量反馈：010-62772015, zhiliang@tup.tsinghua.edu.cn
　　　课件下载：http://www.tup.com.cn, 010-62791865

印 装 者：三河市金元印装有限公司
经　　销：全国新华书店
开　　本：185mm×260mm　　　印　张：12.75　　　字　数：310 千字
版　　次：2020 年 7 月第 1 版　　　印　次：2020 年 7 月第 1 次印刷
定　　价：38.00 元

产品编号：069600-01

前　　言

"电子技术实训"是高等职业教育培养技能型、应用型人才的重要理论实践一体化课程，是高职院校应用电子技术、通信技术、电气自动化等专业的核心课程。通过本课程的学习和项目训练，使学生了解电子装配和调试技术的基本知识，掌握电子产品整机组装调试的基本技术和解决实际问题的方法，具备电子组装与调试中高级技术人员应具备的知识能力和技术能力。同时，对学生进行职业意识培养和职业道德教育，提高学生的综合素质与职业能力。

根据应用电子技术发展的需要，在广泛调研和充分论证的基础上，采用典型工作任务项目化教材开发模式，遵循"以职业岗位为目标，以职业能力为核心，以职业标准为内容，以最新组装与调试技术为视野"的教材设计理念，确定教材的学习目标和学习内容；通过分析电子产品的组装与调试典型岗位技能，以真实工作任务为载体设计学习情境，遵循职业岗位能力递进的规律，由易至难，设计教材的学习情境结构，在每个学习情境中，设计与岗位真实任务相符的学习性和实践性的工作任务。

本教材的创新点在于打破了传统知识传授方式的框架，以"工作项目"为主线，创设工作情境，变书本知识的传授为动手能力的培养。每个学习情境均由若干具体的典型工作任务组成，每个任务均将相关知识和实践过程有机结合，力求体现"做中学""学中做""做中会"的教学理念，从"任务与职业能力"分析出发，设定职业能力培养目标，培养学生的综合职业能力。

本教材通过"常用元器件的识别和检测、串联型直流稳压电源的组装与调试、集成电路扩音机的组装与调试、调频贴片收音机的组装与调试、声光控开关的组装与调试、四路红外遥控装置的组装与调试"等六个学习情境，系统地介绍了从电子元器件识别与检测、电子工程图识读、PCB 设计与制作、电子产品装配工艺、电子产品调试、电子产品故障检修、电子产品质量认证到安全生产操作规范等电子产品组装与调试的相关知识和技能，引导学生通过学习过程的体验或典型电子产品的制作，提高学习兴趣，激发学习动力，同时还注重培养学生的职业素养和团队精神。

全书由娄底职业技术学院马国伟老师编著。因编者的水平有限，书中难免会出现一些错误和不妥之处，恳请广大读者批评指正，以便修订时加以完善。

编　者

目 录

学习情境一 常用元器件的识别和检测

任务 1 电阻器、电容器、电感器的识别和检测 2

1.1 任务描述 2
    1.1.1 任务目标 2
    1.1.2 任务说明 2
1.2 任务资讯 2
    1.2.1 电阻器 2
    1.2.2 电容器 5
    1.2.3 电感器 8
1.3 任务实施 10
    1.3.1 电阻器和电位器的识别和检测 10
    1.3.2 电容器的识别和检测 11
    1.3.3 电感器的识别和检测 12
1.4 任务检查 13

任务 2 半导体器件的识别和检测 14

2.1 任务描述 14
    2.1.1 任务目标 14
    2.1.2 任务说明 14
2.2 任务资讯 14
    2.2.1 二极管 14
    2.2.2 三极管 15
    2.2.3 可控硅 17
    2.2.4 光敏二极管和光敏三极管 18
    2.2.5 场效应管 19
    2.2.6 常用集成电路 20
2.3 任务实施 23
    2.3.1 普通二极管的识别与检测 23
    2.3.2 光敏二极管的检测 24
    2.3.3 三极管的识别与检测 25
    2.3.4 光敏三极管的检测 25
    2.3.5 场效应管的检测 26
    2.3.6 集成电路的识别与检测 27
2.4 任务检查 28
小结 29
思考练习一 30

学习情境二 串联型直流稳压电源的组装与调试

任务 3 手工焊接技术 32

3.1 任务描述 32
    3.1.1 任务目标 32
    3.1.2 任务说明 32
3.2 任务资讯 33
    3.2.1 焊接材料 33
    3.2.2 手工焊接技术 36
    3.2.3 焊接质量的检查 41
    3.2.4 拆焊 45
3.3 任务实施 46
    3.3.1 导线的加工与焊接训练 46
    3.3.2 通孔式元件的焊接训练 48
    3.3.3 拆焊训练 51
3.4 任务检查 52

任务 4 自动焊接技术 53

4.1 任务描述 53
    4.1.1 任务目标 53
    4.1.2 任务说明 53
4.2 任务资讯 53
    4.2.1 波峰焊 53
    4.2.2 回流焊 55
    4.2.3 焊接技术的发展 60

4.3 任务实施...................................60
 4.3.1 波峰焊接训练...................60
 4.3.2 回流焊接训练...................61
4.4 任务检查...................................62

任务 5 串联型可调式直流稳压电源的组装与调试...................62

5.1 任务描述...................................62
 5.1.1 任务目标...........................62
 5.1.2 任务说明...........................63
5.2 任务资讯...................................63
 5.2.1 串联型直流稳压电源的组成...63
 5.2.2 单相桥式整流电容滤波电路...63
 5.2.3 可调式直流稳压电路...........64
5.3 任务实施...................................65
 5.3.1 稳压电源元器件识别与检测...65
 5.3.2 可调式直流稳压电源的组装...66
 5.3.3 可调式直流稳压电源的检测与调试...................................67
5.4 任务检查...................................68
小结...69
思考练习二.....................................69

学习情境三 集成电路扩音机的组装与调试

任务 6 电子工程图的识读...............72

6.1 任务描述...................................72
 6.1.1 任务目标...........................72
 6.1.2 任务说明...........................72
6.2 任务资讯...................................72
 6.2.1 电子工程图分类.................72
 6.2.2 电子工程图的特点.............73
 6.2.3 电子工程图中的元器件标注...76
 6.2.4 电子工程图的识读方法.......76
6.3 任务实施...................................77
 6.3.1 集成电路扩音机电子工程图的识读...........................77
 6.3.2 集成电路扩音机电子工程图的设计...........................77
6.4 任务检查...................................77

任务 7 PCB 的设计与制作...............78

7.1 任务描述...................................78
 7.1.1 任务目标...........................78
 7.1.2 任务说明...........................78
7.2 任务资讯...................................79
 7.2.1 PCB 的设计.......................79
 7.2.2 PCB 的手工制作.................82
 7.2.3 PCB 的工业制作.................87
 7.2.4 双面板制作流程(干膜工艺)...87

7.3 任务实施...................................94
 7.3.1 集成电路扩音机电路 PCB 的设计...............................94
 7.3.2 集成电路扩音机电路 PCB 的手工制作...........................94
7.4 任务检查...................................95

任务 8 集成电路扩音机的组装与调试...................................96

8.1 任务描述...................................96
 8.1.1 任务目标...........................96
 8.1.2 任务说明...........................96
8.2 任务资讯...................................96
 8.2.1 集成电路扩音机的组成及方框图...............................96
 8.2.2 集成电路扩音机的电路工作原理...........................97
8.3 任务实施...................................97
 8.3.1 PCB 检查...........................97
 8.3.2 元器件检查.......................98
 8.3.3 电路安装与调试.................99
8.4 任务检查...................................99
小结...101
思考练习三...................................101

学习情境四　调频贴片收音机的组装与调试

任务 9　表面安装技术 104

 9.1　任务描述 104
  9.1.1　任务目标 104
  9.1.2　任务说明 104
 9.2　任务资讯 104
  9.2.1　表面安装元器件 104
  9.2.2　SMB 的主要特点 113
  9.2.3　表面安装组件的类型 114
  9.2.4　工艺流程 115
  9.2.5　贴片机 116
 9.3　任务实施 119
  9.3.1　片式无源元件的识读和测试 119
  9.3.2　片式有源器件的识读和测试 120
  9.3.3　表面元器件的安装 120
 9.4　任务检查 120

任务 10　调频贴片收音机的组装与调试 121

 10.1　任务描述 121
  10.1.1　任务目标 121
  10.1.2　任务说明 121
 10.2　任务资讯 121
  10.2.1　收音机组成框图及工作原理 121
  10.2.2　FM 微型(电调谐)收音机工作原理 124
 10.3　任务实施 127
  10.3.1　调频贴片收音机元器件准备 127
  10.3.2　SMT 微型贴片收音机装配 128
  10.3.3　安装具体步骤 129
  10.3.4　SMT 电路安装 129
  10.3.5　THT 电路安装 132
  10.3.6　整机安装工艺检测 134
  10.3.7　整机通电前检测 135
  10.3.8　SMT 调频收音机通电调试 136
  10.3.9　SMT 调频收音机通电检测与调试 137
 10.4　任务检查 139
 小结 140
 思考练习四 141

学习情境五　声光控开关的组装与调试

任务 11　电子整机调试工艺 143

 11.1　任务描述 143
  11.1.1　任务目标 143
  11.1.2　任务说明 143
 11.2　任务资讯 143
  11.2.1　调试工作的内容 143
  11.2.2　调试工艺文件的编制 144
  11.2.3　调试仪器仪表的选配与使用 144
  11.2.4　调试工作的一般程序 145
  11.2.5　整机调试的一般工艺流程 146
  11.2.6　故障的查找与排除 148
 11.3　任务实施 151
  11.3.1　调试仪器仪表的选用 151
  11.3.2　电路的分析与调试 152
 11.4　任务检查 152

任务 12　声光控开关的组装与调试 152

 12.1　任务描述 152
  12.1.1　任务目标 152
  12.1.2　任务说明 153
 12.2　任务资讯 153
  12.2.1　声光控开关的电路组成 153

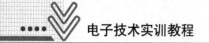

		12.2.2 声光控开关的工作原理 154
12.3	任务实施 155	
	12.3.1 元器件的选择 155	
	12.3.2 电路组装 156	

12.3.3 电路调试 156
12.4 任务检查 157
小结 158
思考练习五 159

学习情境六　四路红外遥控装置的组装与调试

任务 13　电子产品质量管理与认证 161

13.1 任务描述 161
　13.1.1 任务目标 161
　13.1.2 任务说明 161
13.2 任务资讯 162
　13.2.1 电子产品的质量特征 162
　13.2.2 电子产品生产过程中的全面质量管理 162
　13.2.3 电子产品质量检验 162
　13.2.4 电子产品制造工艺管理 165
　13.2.5 电子产品工艺文件 168
　13.2.6 电子产品认证 169
13.3 任务实施 177
　13.3.1 编制工艺汇总表 177
　13.3.2 编制工艺顺序图表 177
　13.3.3 编制装配工艺文件 178
13.4 任务检查 178

任务 14　四路红外遥控装置的组装与调试 178

14.1 任务描述 178
　14.1.1 任务目标 178
　14.1.2 任务说明 179
14.2 任务资讯 179
　14.2.1 红外遥控系统 179
　14.2.2 家用多路红外遥控装置 181
14.3 任务实施 186
　14.3.1 元器件的检测 186
　14.3.2 PCB 的设计与制作 186
　14.3.3 电路组装与调试 187
14.4 任务检查 187
小结 188
思考练习六 189

附录　国际电子元器件命名方法及参数 190

参考文献 196

学习情境一　常用元器件的识别和检测

学习情境一实施概述

教学方法	教学资源、工具、设备
任务驱动教学法、引导法、案例教学法	① 模拟示波器、模拟万用表、数字万用表、各种元器件； ② 多媒体； ③ 教学网站

教学实施步骤		
工作过程	工作任务	教学组织
资讯	学生情况：掌握常用电子元器件的识别、检测和代换方法； 任务分析：教师通过引导法介绍常用电子元器件的识别方法，用演示法指导常用电子元器件的检测与代换，并说明本学习情境的学习任务； 以案例教学法把学生带入情境之中	教师分组布置学习任务、提出任务要求； 建议采用引导法、演示法、案例法进行教学。每个小组独立检索与本工作任务相关的资讯
计划	在完成"任务资讯"部分学习后，分析自己现有的知识与技能，衡量自己是否具有完成常用电子元器件识别与检测训练任务的条件。如果具备，根据学习情境一的要求，写出常用电子元器件的识别、检测、代换等训练计划，具体要求如下： 根据常用电子元器件的识别与检测工作任务的分析及领会，制订工作计划； 确定小组成员分工； 明确阶段成果及检查的项目	学生在教师的指导下集思广益，各抒己见，制订多种工作计划
决策	对已制订的多个计划； 讨论其实施的可操作性； 分析工作条件的安全性； 确定实施方案	学生在教师的指导下，在已制订的多个计划中，选出最切实可行的计划，决定实施项目与实施方案； 适当安排自学
实施	教师用引导法和演示法介绍常用电子元器件的识别与代换方法； 学生进行常用电子元器件的识别与检测训练； 教师以案例法明确常用电子元器件的识别与检测时的注意事项； 在"教学做"一体化模式中，学生进行仪器仪表的使用训练	学生完成常用电子元器件的识别与检测； 学生在教师的指导下复习和强化仪器仪表使用训练，巩固学习情境一中的知识点和技能点
检查	实施完毕，对成果先进行小组自查，然后小组之间互查，最后教师检查，提出整改意见，检查学生的自主学习能力	小组自查→小组互查→教师检查
评价	实施完毕，对成果进行评价，包括小组自评、小组互评、教师点评，并给出本学习情境的成绩	小组自评→小组互评→教师总结评价结果
教学反馈	通过常用电子元器件的识别、检测与代换"教学做"一体化模式，学生能否学会用仪器仪表正确测量电子元器件等	通过教学反馈，使教师了解学生对本学习情境工作任务的掌握情况，为教师教学、教研教改提供依据

任务 1　电阻器、电容器、电感器的识别和检测

1.1　任务描述

1.1.1　任务目标

(1) 能正确识读电阻器、电容器、电感器。
(2) 能正确使用万用表检测电阻器、电容器、电感器的主要性能参数。
(3) 掌握电阻器、电容器、电感器的代换方法。
(4) 培养学生一丝不苟的科学态度和工作精神。

1.1.2　任务说明

电子元器件的选择、检测工作非常重要，直接影响电子产品的质量。通过本任务的学习，使学生掌握常用电阻器、电容器、电感器的识别、检测、代换等技能。具体任务要求如下。
(1) 会识读色环电阻，会检测电阻和电位器的阻值并判断其质量。
(2) 会识别电容器，会判别电解电容器的极性，会检测电容器质量。
(3) 会识别电感器，会检测电感器、变压器。

1.2　任务资讯

1.2.1　电阻器

1. 电阻器的分类

电阻器的种类有很多，这里主要介绍碳膜电阻器、金属膜电阻器、线绕电阻器和热敏电阻器。常见电阻器的外形如图 1-1 所示。

1) 碳膜电阻器

碳膜电阻器是通过将真空高温热分解出的结晶碳膜沉积在柱形或管形陶瓷骨架上制成的。通过改变碳膜的厚度和使用刻槽的方法，可以变更碳膜的长度，得到不同的阻值。

碳膜电阻器的阻值范围为 0.75Ω～10MΩ，额定功率有 0.1W、0.125W、0.25W、0.5W、1W、2W、5W、10W 等，少数做成 25W、50W、100W。

碳膜电阻器温度系数较小、稳定性好、运用频率高、价格较便宜，广泛应用于直流、交流和脉冲电路中。

2) 金属膜电阻器

金属膜电阻器是用高真空加热蒸发(或高温分解、化学沉积或烧渗等方法)技术，将合金材料(有高阻、中阻、低阻 3 种)蒸镀在陶瓷骨架上制成的。通过刻槽或改变金属膜厚度控制电阻值的大小。

与碳膜电阻器相比，金属膜电阻器耐热特性及阻值的稳定性较好，温度系数小，潮湿系数小，噪声小，可工作于 120℃的温度条件下，且体积小。它的阻值范围为 1Ω～

600MΩ，精度可达 0.5%，额定功率一般不超过 2W。

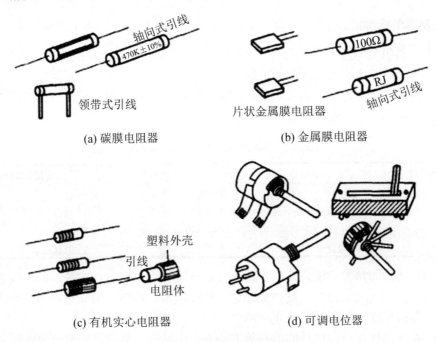

图 1-1　常见电阻器的外形

3) 线绕电阻器

线绕电阻器是用高阻值的合金丝(即电阻丝，采用镍铬丝、康铜丝、锰铜丝等材料制成)缠绕在绝缘基棒上制成的。

线绕电阻器具有阻值范围大(0.1Ω～5MΩ)、噪声小、电阻温度系数小、耐高温及承受负荷功率大(最大可达 500W)等特点，缺点是高频特性差。

线绕电阻器有固定式和可调式两种，可调式是从电阻体上引出一个滑动端子，可对阻值进行调整。

4) 热敏电阻器

在电子电路中，热敏电阻器常用作补偿晶体管的温度特性。如选用适当阻值的热敏电阻器与普通电阻器组成晶体管的偏置电路，以补偿环境温度变化引起的工作点漂移。在温度测量中也常选用热敏电阻器作为温度传感器。热敏电阻器分为 PTC 正温度系数和 NTC 负温度系数两种，如图 1-2 所示。

(a) PTC 正温度系数热敏电阻　　(b) NTC 负温度系数热敏电阻

图 1-2　热敏电阻器

热敏电阻器的检测：热敏电阻器大多是负温度系数型，即阻值随温度上升而下降。检测方法是，用手捏住电阻体加温，观察其阻值是否下降 20%～50%。如阻值变化在此范围内,则热敏电阻器正常;如测得的阻值为无穷大或零,则表明其内部断路或被击穿。

2. 电阻器的标称值

固定电阻器阻值的大小不是无穷多个连续数值,而是按一定规律制造的,产品出厂时给定的值,称为标称值,它标示在电阻器上。

电阻标称值的表示方法有直接表示法和间接表示法两种。电阻标称值的直接表示法,是把电阻值直接标出,如表1-1所示。

表1-1 电阻的文字符号及其标称值

文字符号	电阻标称值	文字符号	电阻标称值
R10	0.1Ω	10k	10KΩ
R232	0.232Ω	33k2	33.2kΩ
1RO	1Ω	1 M0	1MΩ
3R32	3.32Ω	33M2	33.2MΩ

电阻标称值的间接表示法,是采用色环表示电阻的大小和允许误差,即电阻器上一般涂有几条色环,偏向电阻器的一端,如果电阻体积较小,色环均匀分布,由误差色环来区分首尾。电阻的单位为欧姆(Ω)。

(1) 四色环色标法:四色环的前两条色环表示阻值的有效数字,第三条色环表示阻值倍率(即乘数),第四条色环表示阻值允许误差的范围,如图1-3(a)所示。普通电阻器大多用四色环色标法来标注。

(2) 五色环色标法:五色环的前三条色环表示阻值的有效数字,第四条色环表示阻值倍率,第五条色环表示允许误差的范围,如图1-3(b)所示。精密电阻器大多用五色环色标法来标注。

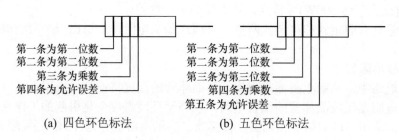

(a) 四色环色标法 (b) 五色环色标法

图1-3 电阻器的四色环和五色环色标表示法

色环颜色的表示值如表1-2所示。

表1-2 电阻色环颜色的表示值

颜 色	有效数字	倍 率	允许误差/%	颜 色	有效数字	倍 率	允许误差/%
银色		10^{-2}	±10	绿色	5	10^5	±0.5
金色		10^{-1}	—	蓝色	6	10^6	±0.25
黑色	0	10^0		紫色	7	10^7	±0.1
棕色	1	10^1	±1	灰色	8	10^8	—
红色	2	10^2		白色	9	10^9	±5.0
橙色	3	10^3					
黄色	4	10^4					

例如，四个色环分别为：红(第一位数)、紫(第二位数)、橙(倍率)、金(允许误差)，则电阻值为 $R=27×10^3±5\%(\Omega)$。

若五个色环分别为：橙(第一位数)、橙(第二位数)、红(第三位数)、棕(倍率)、蓝(允许误差)，则电阻值 $R=332×10^1±0.25\%(\Omega)=3320±0.25\%(\Omega)$。

3. 额定功率

电阻器的额定功率，是指在长期连续负荷而不损坏或基本不改变性能的情况下，在电阻器上允许消耗的最大功率。当超过额定功率时，电阻器的阻值会发生改变，严重时还会烧坏。普通电阻器的额定功率随电阻尺寸的增大而增大。额定功率为 0.05～2W 的一般不标出，而大功率电阻器的额定功率往往直接标在电阻器上。

4. 电阻器的选择

选择电阻时，要求所选用的电阻的基本特性和质量参数必须符合电路中的使用条件，还要考虑外形尺寸和价格等多方面的要求。一般来说，其阻值应选用标称值系列，其允许偏差多用±5%的，其额定功率应比电路中实际承受的功率高 1.5～2 倍。如果电路中对阻值的稳定性要求较高，额定功率还应选得更大一些。

目前，在常用电子仪器中，越来越多地使用金属膜电阻。它与早先广泛使用的碳膜电阻相比，稳定性较高、耐热性能好、允许偏差小、体积小和价格适宜。鉴于目前仪器日趋小型化，金属膜电阻的额定功率多用 0.25W，碳膜电阻一般只用 0.125W。在测量仪器中，若其电路中的电阻要求阻值偏差较小，则可用金属膜电阻或测量用碳膜电阻；如果要求功率大，耐热性能好，使用频率又不高，则可选用线绕电阻。

1.2.2 电容器

1. 电容量的单位

电容器的容量单位是法拉(F)。由于此单位太大，实际上经常使用的单位及换算关系为

微法(μF)：$1\mu F=10^{-6}F$

纳法(nF)，$1nF=10^{-9}F$

皮法(pF)，$1pF=10^{-12}F$

2. 电容器的分类

按电容器的容量是否可调，将其分为固定电容器、可变电容器和半可变电容器。图 1-4 所示为常用固定电容器的外形及图形符号。

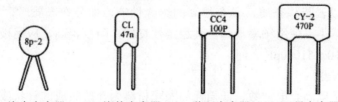

(a) 瓷介电容器　(b) 涤纶电容器　(c) 独石电容器　(d) 云母电容器

图 1-4　常用固定电容器的外形及图形符号

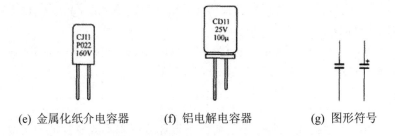

(e) 金属化纸介电容器　　(f) 铝电解电容器　　(g) 图形符号

图 1-4　常用固定电容器的外形及图形符号(续)

图 1-5 所示为常用半可变电容器的外形及图形符号。半可变电容器又称微调电容器或补偿电容器。其特点是容量可在小范围内变化，通常在几皮法到几十皮法之间。

CCWY　　CCWX　　　　CYW

图 1-5　常用半可变电容器的外形及图形符号

图 1-6 所示为可变电容器的外形及图形符号。可变电容器的容量可在一定范围内连续变化，它由若干片形状相间的金属片并接成一组(或几组)定片和一组(或几组)动片。动片可以通过转轴转动，以改变动片插入定片的面积，从而改变电容量。可变电容器分为"单联""双联"和"三联"。

(a) 空气双联　(b) 密封双联　(c) 空气单联　(d) 单联符号　(e) 双联符号

图 1-6　可变电容器的外形及图形符号

按电容器的介质材料，可将其分为云母电容器、瓷介电容器、纸介电容器、电解电容器等。

1) 云母电容器

云母电容器以云母作介质，具有很高的绝缘性能，即使在高频时，其介质损耗也极小。因其固有电感小，使用频率很高。其稳定性良好，耐压也高，应用极广。但其容量一般不大，通常在 10～51000pF 之间。

2) 瓷介电容器

瓷介电容器是以高介电常数、低损耗的陶瓷材料为介质做成的管状或圆片状电容器。其主要优点是损耗和固有电感极小，可工作至高频范围，耐热性好，稳定性高，温度系数的大小和正负在制作中可以控制。

瓷介电容器的容量一般为 1～1000pF。而高介电常数的铁电陶瓷、独石电容器容量较大，可达几微法，但其温度系数大，容量误差大，损耗大，只能在要求不高的场合作旁路滤波电容用。

3) 纸介电容器

纸介电容器的优点是在一定体积内可得到较大的电容量，构造简单，造价低；缺点是稳定性不高，介质损耗大，固有电感也较大。它主要用作低频电路的旁路和隔直电容器。

4) 电解电容器

电解电容器是有极性的，在其外壳上标明"+"或"-"两个极性，正极接直流高电位，负极接直流低电位，千万不能接错，否则，电解作用反向进行，氧化膜会很快变薄而被破坏，电容漏电，造成电容器发热损坏甚至爆炸。由新工艺制成的无极性电容不存在此问题。

电解电容器的优点是容量大，体积小；缺点是误差大，容量随工作频率而变，温度稳定性和时间稳定性较差，绝缘电阻低，工作电压不高，一般只用作低频滤波和去耦旁路电容。而钽、铌或钛电解电容器漏电小、体积小、工作温度高，但价格也高。

3. 电容器的标称容量

固定式纸介电容器、金属化纸介电容器、低频有机薄膜纸介电容器的标称容量如表 1-3 所示，其中标称容量小于或等于 1μF 者，应将表中数值乘以 10^n，其中 n 为整数。

表 1-3　几种纸介电容器的标称容量

容量范围	100pF～1μF			1～100μF					
标称容量系列	1.0　1.5　2.2　 3.3　4.7　6.8			1　2　4　6　8　10　15 20　30　50　60　80　100					

高频无极性有机薄膜介质电容器、瓷介质电容器、玻璃釉电容器、云母电容器等无机介质电容器的标称容量如表 1-4 所示，应将表中数值乘以 10^n，其中 n 为整数。

表 1-4　几种无机介质电容器的标称容量

允许误差	标称容量系列
±5%	1.0　1.1　1.2　1.3　1.6　1.8　2.0　2.2 2.4　2.7　3.0　3.9　4.3　4.7 5.1　5.6　6.2　7.5　8.2　9.1
±10%	1.0　1.2　1.5　1.8　2.2　2.7　3.3　3.9　4.7　5.6　6.8　8.2
±20%	1.0　1.5　2.2　3.3　4.7　6.8

一般电解电容器的标称容量为 1、1.5、2.2、3.3、4.7、6.8，再乘以 10^n，其中 n 为正整数，单位为 pF。

4. 电容器的色标法和文字表示法

电容器的色标法和文字表示法与电阻器的表示法相类似，只是电容器的单位为 pF。电容量的文字符号及其组合类似于表 1-1，但要作如下变更(其阿拉伯数字不变)：

Ω→pF；　R→p；　kΩ→nF；　MΩ→μF

5. 电容器的选用

额定直流工作电压一般应选为实际电路中所承受的电压的两倍以上，或更大。但对电解电容器来说，如果实际电路中的电压低于额定直流工作电压的一半，反而容易使电容器的损耗增大，所以一般电解电容器的实际承受电压应为额定直流工作电压的 50%～70%。

> **注意：** 电解电容器是有极性的，所以不能用在正、负交替的电路中。在装配时，要注意它的正数、负极不能接反，否则会影响电容器中电解质的极化，易于漏液、容量下降，甚至击穿。

1.2.3 电感器

电感器是由导线绕制的一种元件，它与电阻器、电容器等元件恰当配合构成各种功能电路。

1. 电感器的分类

电感器大体上分为带有磁芯和不带磁芯两大类，常用电感器的外形如图 1-7 所示，符号如图 1-8 所示。

图 1-7　常用电感器的外形

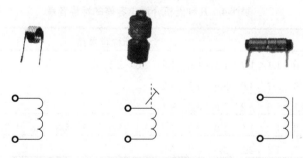

(a) 空心电感器　　(b) 带磁芯微调电感器　　(c) 带铁芯电感器

图 1-8　常用电感器的符号

电感器具体分类如下。

1) 高频电感线圈

它是一种电感量较小的电感器，用于高频电路中，分为空心线圈、磁芯线圈等，前者多用较粗铜线或镀银铜线脱胎绕成，或绕在空心塑料骨架上，后者多绕在带磁芯的塑料骨架上。

带磁芯的线圈其电感量可以通过改变磁芯在线圈中的位置进行调节，而空心线圈则必须通过增减匝数或匝距进行调节。

还有一种小型固定高频线圈，叫色码电感。它是磁芯线圈的一种，不过绕制以后再用环氧树脂或塑料封装起来，其外壳上标以色环或直接用数字标明电感量数值。这种电感的工作频率为 10kHz～200MHz，电感量一般为 0.1～33000μH，其电感量误差等级一般分为 4 个等级：±1%、±5%、±10%和±20%，但也有精度很高的±0.1%、±0.2%之类的色码电感(主要用于要求很高的位置)。用色码标示时，其第一条色带表示电感量的第一位有效数字，第二条表示第二位有效数字，第三条表示倍率，第四条表示误差。电感的单位是 mH。数字和颜色的对应关系和色环电阻标法相同。

固定电感器的另一种结构形式是在塑料或瓷骨架上绕成蜂房式结构，一般电感量在 2.5～10mH 之间，称为高频扼流圈。

2) 空心式及磁棒式天线线圈

它是把绝缘或镀银导线绕在塑料胶木上或磁棒上，其电感量和可调电容配合谐振于收音机欲接收的频率上。中波段天线线圈的电感量较大，一般为 200～300μH，线圈匝数较多；短波段电感量小很多，只有几微亨到十几微亨，线圈匝数通常只有几圈。

3) 低频扼流圈

它是利用漆包线在铁芯(硅钢片)外多层绕制而成的大电感量的电感器，一般电感量为几亨，常用于音频或电源滤波电路中。其工作电流在 60～300mA 之间。

2. 电感器的主要技术参数

1) 电感量

电感量的大小与线圈匝数、绕制方式及磁芯的材料等因素有关。匝数越多，绕制线圈越集中，则电感量越大；线圈内有磁芯的比无磁芯的电感量大，磁芯导磁率大的电感量也大。

2) 品质因数 Q

Q 值越高，则表明电感线圈的功耗越小，效率越高，即"品质"越好。用 Q 值高的线圈与电容组成的谐振电路具有更好的谐振特性。线圈的标称电流常用字母 A、B、C、D、E 分别代表标称电流值为 50 mA、150 mA、300 mA、700 mA、1600 mA。

3) 分布电容

电感线圈的匝与匝之间和层与层之间都有绝缘介质，因而具有电容效应，即为电感的分布电容。分布电容使线圈的工作频率受到限制，并使线圈的 Q 值下降。为了减小分布电容，提高固有频率，应当选用介电常数小的绝缘介质和适当的绕制方法，如单层间绕、多层叠绕等。

4) 稳定性

电感线圈在使用过程中，如果工作条件发生变化，就可能影响线圈的屏蔽。一种是磁屏蔽，用磁性材料作屏蔽盒，阻止外界磁通进入线圈，避免相互干扰；另一种是高频电感线圈的屏蔽，采用导电良好的铜、铝等金属材料，起到屏蔽的作用。

3. 变压器

变压器按使用的工作频率可分为高频变压器、中频变压器、低频变压器和脉冲变压器等。

变压器按其磁芯可分为铁芯变压器、磁芯(铁氧体心)变压器和空心变压器等。常见变压器的外形及电路符号如图1-9所示。

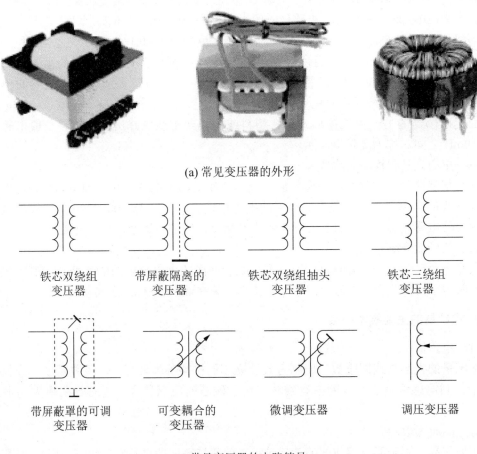

(a) 常见变压器的外形

铁芯双绕组变压器　　带屏蔽隔离的变压器　　铁芯双绕组抽头变压器　　铁芯三绕组变压器

带屏蔽罩的可调变压器　　可变耦合的变压器　　微调变压器　　调压变压器

(b) 常见变压器的电路符号

图1-9 常见变压器的外形及电路符号

1.3 任务实施

1.3.1 电阻器和电位器的识别和检测

1. 电阻器的识别和检测

电阻器质量的好坏比较容易鉴别，可先对其外形进行检查，看外观是否端正、标志是否清晰、保护漆是否完好；然后可用万用表的欧姆挡进行阻值测量，看测量值与标称值是否在误差范围之内。

> **注意**：测试时，手不要触及表笔和电阻的导电部分；被检测的电阻从电路中焊下来，至少要焊开一个头；色环电阻的阻值虽然能以色环标志来确定，但在使用时最好还是用万用表测试一下其实际阻值。

2. 电位器的识别和检测

操作一：外观检测

使用前，首先要进行外观检验。先慢慢转动旋柄检查，转动应平滑，松紧适当，无机械杂音。带开关的电位器还应检查开关是否灵活，接触是否良好，开关接通时的声音应当清脆。电位器表面应无污垢、凹陷和缺口，标志清晰。

操作二：阻值检验

先用万用表检查两固定臂的电阻值，应符合标称值及其允许偏差范围以内。

然后再测量电位器的中心抽头(即连接的活动臂)和电阻片的接触情况。注意，其零电位阻值应尽量接近于零；而其极限阻值则应尽量接近于电位器的标称阻值。

测量时万用表上的指针应随转轴旋转而平稳移动，不应有跳动现象。此外，还应辨清哪两端点间的阻值是随着转轴顺时针方向转动而增大的。

1.3.2 电容器的识别和检测

1. 固定电容器的检测

1) 对 10pF 以下小电容的检测

因容量太小，用万用表进行测量，只能定性地检查其是否漏电、内部短路或击穿现象。测量时，可选用 R×10k 挡，测量阻值应为无穷大。若测出阻值(指针向右摆动)为零，说明电容器漏电、损坏或内部击穿。

2) 对 10pF～0.01μF 电容的检测

检测 10pF～0.01μF 固定电容器是否有充电现象，进而判断其好坏。测量时，万用表选用 R×1k 挡。

3) 对 0.01μF 以上电容的检测

对于 0.01μF 以上的固定电容，可用万用表的 R×10k 挡直接测试电容器有无充电、内部短路或漏电现象，并可根据指针向右摆动的幅度大小估计出电容器的容量。

2. 电解电容器的检测

(1) 测量电解电容器时应针对不同容量选用合适的挡位。根据经验，1～47μF 间的电容可用 R×1k 挡测量，大于 47μF 的电容可用 R×100k 挡测量。

(2) 将万用表红表笔接负极，黑表笔接正极，在刚接触的瞬间，指针即向右偏转较大幅度(对于同一电阻挡，容量越大，摆幅越大)，接着逐渐向左回转，直到停在某一位置。此时的阻值便是电解电容的正向漏电阻，此值略大于反向漏电阻。经验表明，电解电容的漏电阻一般在几百千欧以上，否则将不能正常工作。

(3) 使用万用表欧姆挡，采用给电解电容器进行正向、反向充电的方法，根据指针摆幅的大小，可估测其容量。

3. 可变电容器的检测

(1) 用手轻轻旋动转轴，应感觉十分平滑，不应有时松时紧甚至卡带现象。
(2) 用一只手旋动转轴，另一只手轻摸动片组的外缘，不应有任何松脱现象。
(3) 将万用表置于 R×10k 挡，一只手将两个表笔分别接动片和定片的引出端，另一只手将转轴缓缓旋动几个来回，万用表指针应在无穷大位置不动。

1.3.3 电感器的识别和检测

1. 外观检查

在使用电感线圈之前首先从外观上判断其好坏。外观主要观察的内容有以下几个方面。
(1) 电感线圈外观是否完好。
(2) 磁芯有无缺损或裂痕。
(3) 金属屏蔽罩、磁芯、线圈是否有氧化现象。
(4) 线圈的引线焊接是否牢固。
(5) 可调电感的可调磁帽是否有滑动。

2. 用万用表检测

用万用表检测电感器时常使用欧姆挡进行测量。
(1) 若阻值为无穷大，说明是线圈断路。
(2) 若与同型号电感的直流电阻值相比，阻值偏大说明可能有断股，阻值很小则线圈有短路现象。
(3) 对具有铁芯或金属屏蔽罩的线圈，还要测量线圈与铁芯或金属屏蔽罩之间是否短路。

3. 变压器的检测

变压器的质量检测如图 1-10 所示。

变压器的故障有开路和短路两种。开路的检查用万用表欧姆挡测电阻进行判断。若变压器的线圈匝数不多，则直流电阻很小，在零点几欧姆至几欧姆之间，随变压器规格而异；若变压器线圈匝数较多，直流电阻较大。

变压器的直流电阻正常并不能表示变压器就完好无损，如电源变压器有局部短路时对直流电阻影响并不大，但变压器不能正常工作。用万用表也不易测量中、高频变压器的局部短路，一般需用专用仪器，其表现为 Q 值下降、整机特性变差。

电源变压器内部短路可通过空载通电进行检查，方法是切断电源变压器的负载，接通电源，如果通电 15～30min 后温升正常，说明变压器正常；如果空载温升较高(超过正常温升)，说明内部存在局部短路现象。

变压器开路是由线圈内部断线或引出端断线引起的。引出端断线是常见的故障，仔细观察即可发现。如果是引出端断线可以重新焊接，但若是内部断线则需要更换或重绕。

操作一：变压器绝缘性能的好坏

检测变压器绝缘性能的好坏可用万用表的 R×10kΩ 挡检测，如图 1-10(a)所示。方法是：将万用表的一表笔搭在铁芯上，另一表笔分别接触初、次级绕组的每一个引脚，此时若表针不动，阻值为无穷大，则说明变压器绝缘性良好；若表针向右偏转，则说明绝缘性能下降。这种方法适用于降压变压器。

用万用表的 R×1Ω 挡测量变压器初级绕组的阻值，一般正常时只有几欧姆至几十欧姆。

用万用表的 R×10Ω 挡测量变压器次级绕组的阻值，一般只有几十欧姆至几百欧姆。若测得的阻值远大于上述阻值，则说明变压器次级线圈已经开路；若测得的阻值等于零，则说明变压器次级线圈已经短路。

操作二：变压器同名端的判断

由同一电流产生的感应电动势的极性始终保持一致的端子称为同名端。判断同名端可以采用如图 1-10(c)所示的直流法。

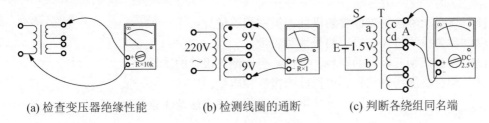

(a) 检查变压器绝缘性能　　(b) 检测线圈的通断　　(c) 判断各绕组同名端

图 1-10　变压器的检测

1.4 任务检查

任务检查单如表 1-5 所示。

表 1-5　检查单

学习情境一	电子元器件的识别与检测				
任务 1	电阻器、电容器、电感器的识别和检测	学时			
序号	检查项目	检查标准	自查	互查	教师检查
1	训练问题	回答得认真，准确			
2	电阻的识别与检测	参数识别正确，质量检测方法正确，元件代换合理			
3	电容的识别与检测	极性、参数识别正确，质量检测方法正确，元件代换合理			
4	电感的识别与检测	参数识别正确，质量检测方法正确，代换合理			
5	仪器仪表的使用情况	使用方法正确，仪表挡位选择合理			
6	安全操作	工具、仪表使用正确			
检查评价	班级		第　组	组长签字	
	教师签字		日期		
	评语：				

任务 2　半导体器件的识别和检测

2.1　任　务　描　述

2.1.1　任务目标

(1) 能正确识别二极管、三极管、场效应管、可控硅。
(2) 学会识别和检测集成电路。
(3) 培养学生良好的职业素养。

2.1.2　任务说明

(1) 学会正确检测二极管的极性、类别和质量。
(2) 学会检测特殊二极管的极性和质量。
(3) 学会识别三极管的型号、极性，会检测三极管的质量。
(4) 学会检测场效应管、可控硅的极性和质量。
(5) 学会识别集成电路，掌握集成电路的检测方法及注意事项。

2.2　任　务　资　讯

2.2.1　二极管

1. 二极管的选用

常用二极管的特点如表 2-1 所示。

表 2-1　常用二极管的特点

名　称	特　点	名　称	特　点
整流二极管	能利用 PN 结的单向导电性，把交流电变成脉动的直流电	开关二极管	利用二极管的单向导电性，在电路中对电流进行控制，可以起到接通或关断的作用
检波二极管	把调制在高频电磁波上的低频信号检出来	发光二极管	是一种半导体发光器件，在电路中常用作指示装置
变容二极管	它的结电容会随到管子上的反向电压的大小而变化，利用这个特性取代可变电容器	高压硅堆	是把多只硅整流器件的芯片串联起来，外面用塑料装成一个整体的高压整流电器
稳压二极管	它是一种齐纳二极管，利用二极管反向击穿时，其两端的电压固定在某一数值，而基本上不随电流的大小而变化	阻尼二极管	多用于电视机的扫描电路中的阻尼、整流电路里，它具有类似调频电压整流二极管的特性

选用检波二极管时，应考虑其正向压降、反向电流、检波频率和最高工作温度等。
选用开关二极管时，必须考虑反向恢复时间和零偏压结电容等。

选用稳压二极管时，必须考虑稳定电压、稳定电流、最大功耗和最大工作电流、动态电阻、电压温度系数等。

选用发光二极管时，必须考虑工作电流、工作电压、击穿电压、极限功耗、发光波长和亮度等。

常用二极管的外形及图形符号如图 2-1 所示。

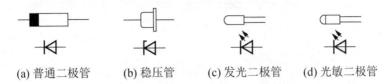

(a) 普通二极管　　(b) 稳压管　　(c) 发光二极管　　(d) 光敏二极管

图 2-1　常用二极管的外形及图形符号

2. 使用二极管时的注意事项

(1) 在二极管上的电流、电压、功率及环境温度不能超过规定值。

(2) 二极管在容性负载下工作时(例如作整流时，其后为滤波电容)，则二极管的额定电流值应降低使用。

(3) 二极管焊入电路时，其引线离管体距离应大于 10mm。焊接时用 45W 以下的电烙铁，并用金属镊子夹住引线散热。

(4) 引脚弯曲时离管端应大于 5mm。

(5) 二极管应避免靠近发热元件。

(6) 焊接时引脚的清洁处理，可用纱布擦亮，用中性焊剂焊接，切勿用刀或砂纸擦刮，否则合金引脚很难焊接。

2.2.2　三极管

1. 三极管的分类

三极管按所用半导体材料分为硅管和锗管；按结构分为 NPN 管和 PNP 管；按用途分为低频管、中频管、高频管、超高频管、大功率管、中功率管、小功率管和开关管等。三极管的外形及图形符号如图 2-2 所示。

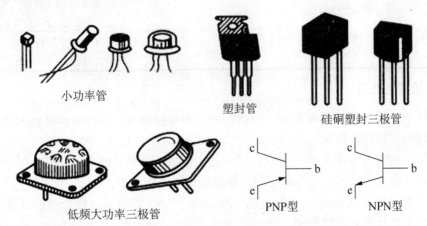

图 2-2　三极管的外形及图形符号

2. 三极管的命名方法

三极管的命名方法如图 2-3 所示，其中第二、三部分的字母含义如表 2-2 所示。

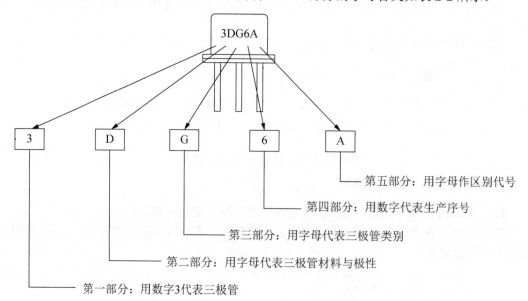

图 2-3　三极管的命名方法

表 2-2　第二、三部分各字母含义

第二部分		第三部分	
字　母	意　义	字　母	意　义
A	PNP 型锗材料	K	开关三极管
B	NPN 型锗材料	X	低频小功率三极管 (f_a<3MHz，P_C<1W)
C	PNP 型硅材料	G	高频小功率三极管 (f_a≥3MHz，P_C<1W)
D	NPN 型硅材料	D	低频大功率三极管 (f_a<3MHz，P_C≥1W)
		A	高频大功率三极管 (f_a≥3MHz，P_C≥1W)

3. 三极管的选用

(1) 由于三极管制造的离散性，即使是同一型号三极管，其性能也有较大差别，应对其影响电路的参数进行测试。

大功率三极管处在小电流工作状态时，其电流放大系数 β 很小，只有达到一定输入电流以后其值才较大，测试和使用时必须注意推动电流不能太小。

(2) 三极管的焊接要求与二极管的一样。由于一些大功率三极管的金属壳就是集电极，安装时不能与其他电路相碰。

(3) 三极管接入电路时应先接通基极，最后接通电源。拆线时应最先断开电源，最后基极拆除连线。切勿在电路通电状态下焊接电路元件。

(4) 对于 MOS 管，为了防止栅极感应击穿，要求测试仪器、电烙铁、线路本身都良好接地，焊接时先焊源极。

(5) 大功率三极管的散热要求应按规定安装，保证有良好的散热条件。

2.2.3 可控硅

1. 单向可控硅

单向可控硅由 4 层半导体(PNPN)构成，如图 2-4(a)所示，有 3 个 PN 结，由最下层的 P_1 引出阳极 A，最上层的 N_2 引出阴极 K，中间的 P_2 引出门极 G。其电路图形符号如图 2-4(b)所示。

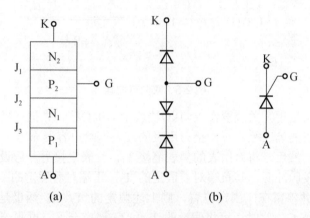

图 2-4 单向可控硅

如果在阳极和阴极之间加正向电压而控制极不加电压时，由于 PN 结 J_2 为反向偏置，所以可控硅不导通(称为阻断)；而当所加电压的极性与前面相反时，由于 J_1、J_3 反向，可控硅仍然阻断。以上两种情况均相当于开关处于断开状态。如果在阳极和阴极之间加正向电压的同时，在控制极与阴极之间也加一个正向电压，则可控硅就由阻断变为导通，而且管压降很小，相当于开关处于闭合状态。

单向可控硅导通后，可以通过几十至上千安培的电流(这一点半导体二极管目前是达不到的)，并且一旦导通后，控制极一般就不再起控制作用(指普通型)，从而保持其导通状态。如欲使其关断，可通过将阳极电流减小到某一数值或加上反向电压来实现。关断后可重新恢复其控制能力。

2. 双向可控硅的极性识别

1) 小功率元件

市场上常见的两种塑料封装的双向可控硅(SKG)外形如图 2-5(a)所示，其内部结构及电路符号如图 2-5(b)所示。

极性的判别通常是面对双向可控硅外形有字的一面，并使引脚向下，一般从左向右依次是 T_2、T_1、G。对于一般双向可控硅，由于其规格、型号的不同，外形也不一样，很难用上述方法确定其各极。此时，可借助于万用表，首先确定 T_1，然后确定 T_2、G。将万用表拨至 R×100Ω挡，用黑表笔和双向可控硅任一极相接，再用红表笔分别去碰触另外两个极。若表针均不动，则黑表笔接的是 T_1；若碰触其中一个极时表针不动，而碰触另一个极时表针偏转，则黑表笔接的不是 T_1。这时，应将黑表笔换接另一极，重复上述过程，这样就可确定出 T_1 来。阳极确定后，可用上述方法判断其他两极。

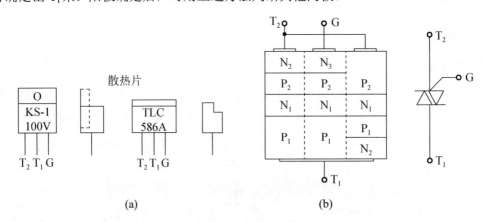

图 2-5　双向可控硅

将万用表的电阻量程开关放置在 R×1kΩ挡或 R×10kΩ挡。先把一只 5～20μF 的电解电容器的正极接万用表的黑表笔，负极接万用表的红表笔给电容器充电。当充电 3s 后，即可取下电容器作备用。然后，将万用表的黑表笔接 T_1，红表笔接另一假设的 T_2，再将已充电的电解电容器作触发脉冲源，其负端对着假定的 T_2，正端对着假定的 G，同时碰触一下，若表针大幅度偏转并停留在一固定位置，则上述假定的 T_2、G 两极是正确的；若表针不动，则红表笔接的是 G。此时，可将假设的 T_2 和 G 调换一下，再测一遍作验证(电解电容器需重新充电)。

2) 大功率元件

从其外形区别，一般控制极 G 的引出线较细，阳极 T_1 在位置上远离 G，阴极 T_2 靠近 G 的端子。亦可用上述小功率双向可控硅各极的判别方法识别，只是应在万用表的负端(黑表笔)串上一节 1.5V 的干电池(即万用表黑表笔接电池负极，电池正极代替原黑表笔)。

2.2.4　光敏二极管和光敏三极管

1. 光敏二极管的原理

光敏二极管是一种光电变换器件，其基本原理是光照到 PN 结上时，吸收光能转化为电能。它有以下两种工作状态。

(1) 当光敏二极管上加有反向电压时，管子中的反向电流将随光照强度的改变而改变，光照强度越大，反向电流越大。一般光电流为几十微安，并且与照度成线性关系。光敏二极管大多数情况下都工作在这种状态。

(2) 光敏二极管上不加电压，利用 PN 结在受光照时产生正向电压的原理，把它用作微型光电池。这种工作状态一般作光电检测器。

2. 光敏二极管的类型

光敏二极管有 4 种类型，即 PN 结型、PIN 结型、雪崩型和肖特基结型。用得最多的是硅材料制成的 PN 结型，它的价格也很便宜。其他几种二极管响应速度高，主要用于光纤通信及计算机信息传输。

光敏二极管可以用作光信号放大电路及光开关电路。在使用时受光表面要保持清洁，必要时用酒精棉球擦净。

3. 光敏三极管

(1) 光敏三极管也是靠光的照射量来控制电流的器件。它可等效看作一只光敏二极管与一只晶体三极管的结合，所以它具有放大作用，如图 2-6(a)所示。其最常用的材料是硅，一般仅引出集电极和发射极，其外形与发光二极管一样(也有引出基极的光敏三极管，常作温度补偿用)。

(2) 光敏三极管的应用电路，图 2-6(b)为开关电路，图 2-6(c)为放大电路。

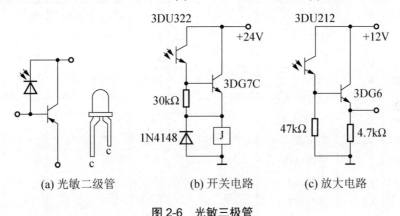

图 2-6 光敏三极管

2.2.5 场效应管

场效应管的输入电阻非常大。常用的场效应管主要有结型和金属氧化物绝缘栅场效应管两种。虽然场效应管的种类和系列品种不少，但它们的电路测试原理和测量方法基本相同。在测量绝缘栅场效应管时必须注意：由于管内不存在保护性元件，为防止外界感应击穿其绝缘层，一般可将其引脚全部短路，待测试电路与其可靠连接后，再把短路线拆除，然后进行测量。测试操作的过程应十分细心，稍有不慎，就会造成栅极悬空，很可能损坏管子。

结型场效应管有 3 个电极，即源极、栅极和漏极。可以用万用表测量电阻的方法，找出栅极，而源极和漏极一般可对调使用，所以不必区分。测量的依据是：源极与漏极之间为一个半导体材料电阻，用万用表的 R×1kΩ 挡，分别测量源极对漏极、漏极对源极的电阻值，它们应该相等。也可以根据栅极相对于源极和漏极都应为 PN 结，用测量二极管的办法，找出栅极。一般 PN 结的正向电阻为 5~10kΩ，反向电阻近似为无穷大。若黑表笔接栅极，红表笔分别接源极和漏极，测得 PN 结正向电阻较小时，则场效应管为 N 沟道型。

2.2.6 常用集成电路

1. 集成电路命名规则

1) 集成电路国家标准型号命名规则

集成电路国家标准型号命名规则如表 2-3 所示。

表 2-3 集成电路国家标准型号命名规则

第一部分		第二部分		第三部分	第四部分		第五部分	
用字母表示器件符合国家标准		用字母表示器件类型		用阿拉伯数字表示器件的系列和代号	用字母表示器件工作的温度范围		用字母表示器件的封装	
符号	意义	符号	意义		符号	意义	符号	意义
C	中国制造	T	TTL		C	0℃~70℃	W	陶瓷扁平
		H	HTL		B	−40℃~85℃	B	塑料扁平
		E	ECL		R	−55℃~85℃	F	全密封扁平
		C	CMOS		M	−55℃~125℃	D	陶瓷直插
		F	线性放大器				P	黑陶瓷直插
		D	音响电视电路				J	金属菱形
		W	稳压器				L	金属菱形
		J	接口电路				T	金属圆形
		B	非线性电路					
		M	存储器					
		μ	微型机电路					

举例说明：

例1： C　　T　　4020　　C　　P
　　　 ①　　②　　③　　　④　　⑤

① C 是第一部分。表示中国制造。实际使用时，第一个字母 C 通常被省略。

② T 是第二部分。表示 TTL 电路。

③ 4020 是第三部分。它是一组四位阿拉伯数字的代码。

数字的首位"4"：表示器件所属的系列。在我国，将 TTL 电路按速度、功耗和性能分为 4 个系列，它们分别与国外通用的 54 / 74 型系列对应。

1000 系列是标准系列，与 54 / 74 系列相对应。

2000 系列是高速系列，与 54H / 74H 系列相对应。

3000 系列是肖特基系列，与 54s/74s 系列相对应。

4000 系列是低功耗肖特基系列，与 54LS / 74LS 系列相对应。

数字的后三位"020"：表示器件品种的代号。无论是属于上述 4 个系列中的哪一个，只要尾数相同，就属于同一品种。即它的器件逻辑名称、逻辑功能和引脚排列次序均相同。

因此，上述的 CT4020 则表示是一个 TTL 低功耗肖特基的双 4 输入与非门。它能与国外通用的 74LS20 互换使用。

④ C 是第四部分。表示器件工作温度为 0～70℃。

⑤ P 是第五部分。表示器件是塑料封装，双列直插式结构。

例2：CC4012

该器件是中国制造的 CMOS 数字集成电路，属于 4000 系列。其电源电压范围分+3～+18V。它与国外通用的 CD4000、MC4000 系列可互换。CC4012 是一个 CMOS 双 4 输入与非门。

2) 其他型号集成电路的识别

除上述国家标准型号外，常见的是我国电子工业部的标准型号。属于 TTL 电路的有 T000 系列；属于 CMOS 电路的有 C000 系列(其电源电压范围是+7～+15V)。

2. 运算放大器的使用

1) 保护措施

由于集成运算放大器(简称运放)的电源电压接反，或输入电压过高，或输出端短路都可能损坏器件，因此，初学者在使用时必须加保护电路。

(1) 电源端保护：为了防止电源电压极性接反而接入 VD$_1$、VD$_2$，如图 2-7 所示。

(2) 输入端保护：输入端的损坏是由于差模和共模输入电压过高造成的，其保护电路如图 2-8 所示。其中，图 2-8(a)为反相输入端保护，图 2-8(b)为同相输入端保护，图 2-8(c)是差动输入保护。它们都是利用硅二极管的正向导通电压和电阻构成限幅电路来进行保护的。

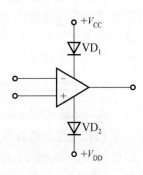

图 2-7 电源端保护

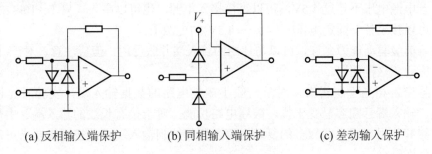

(a) 反相输入端保护　　(b) 同相输入端保护　　(c) 差动输入保护

图 2-8 输入端保护

应当注意：二极管所产生的温漂和噪声会影响整个放大电路，在要求高的场合要考虑其影响程度。

(3) 输出端保护：对于输出可能由外部电压引起过电流或过电压损坏的保护电路如图 2-9(a)所示，这时输出电压不会超过稳压值。为使运算放大电路输出电压幅度不致过大，可以采用如图 2-9(b)所示的方法。

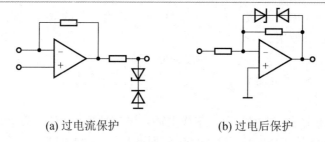

(a) 过电流保护　　　　　(b) 过电后保护

图 2-9　输出端保护

正常工作时，处在反馈回路中的双向稳压管不起作用，当输出电压过高而大于稳压管的稳压值时，稳压管导通，负反馈加强，防止输出电压继续增大。这种方法应选择反向特性好、漏电流小的稳压管，否则放大器的线性度和噪声性能会变差。

2) 调零

运算放大电路失调电压的定义是输入电压为零时，为使输出电压为零，在输入端加补偿电压。当运算放大电路具有专用调零端外接规定调零电位器时，一定要在闭环为深度负反馈时进行调零，而不是将同相输入端和反相输入端短路，因为那样实为开环状态。某些运算放大电路没有专用调零端，一般不需调零。

3. TTL 集成电路的使用规则

1) 电源电压 V=+5V(推荐值为+4.75～+5.25V)

TTL 集成电路存在电源尖峰电流，要求电源具有小的内阻和良好的地线，必须重视电路的滤波，要求除了在电源输入端接有 50pF 电容的低频滤波外，每隔 5～10 个集成电路，还应接入一个 0.01～0.1μF 的高频滤波电容。在使用中等规模以上集成电路时和在高速电路中，还应适当增加高频滤波。

2) 不使用的输入端处理办法(以与非门为例)

(1) 若电源电压不超过 5.5V，可以直接接入电源，也可以串入一只 1～10kΩ的电阻。

(2) 可以接至某一固定电压(+2.4V～+4.5V)的电源上。

(3) 若前级驱动能力允许，可以与使用的输入端并联使用，但应注意，对于 T4000 系列器件，应避免这样使用。

(4) 悬空，相当于逻辑 1，对于一般小规模电路的数据输入端，实验时允许悬空处理。但是，输入端悬空容易受干扰，破坏电路功能。对于接有长线的输入端、中规模以上的集成电路和使用集成电路较多的复杂电路，所有控制输入端必须按逻辑要求可靠地接入电路，不允许悬空。

(5) 对于不使用的与非门，为了降低整个电路的功耗，应把其中一个输入端接地。

(6) 或非门，不使用的输入端应接地；对于与或非门中不使用的与门至少应有一个输入端接地。

3) 输入端电阻

TTL 集成电路输入端通过电阻接地，电阻 R 值的大小直接影响电路所处的状态。当 R≤680Ω时，输入端相当于逻辑 0；当 R≥10kΩ时，输入端相当于逻辑 1。对于不同系列的器件，要求的阻值不同。

4) 输出端不允许并联使用

TTL 集成电路(除集电极开路输出电路和三状态输出电路外)的输出端不允许并联使用。否则，不仅会使电路逻辑混乱，而且会导致器件损坏。

5) 输出端不允许直接与+5V 电源或地连接

有时为了使后级电路获得较高的输出高电平(例如，驱动 CMOS 电路)，允许输出端通过电阻 R(称为上拉电阻)接至 V_{CC}，一般取 R 为 3Ω～5.1kΩ。

4. CMOS 集成电路的使用规则

(1) V_{DD} 接电源正极，V_{SS} 接电源负极(通常接地)，电源绝对不允许反接。

CC4000 系列的电源电压允许在+3～+18V 范围内选择。实验中一般要求使用+5V 电源。

C000 系列的电源电压允许在+7～+15V 范围内选择。

工作在不同电源电压下的器件，其输出阻抗、工作速度和功耗等参数也会不同，使用中应引起注意。

(2) 对器件的输入信号 V_i 要求其电压范围在 $V_{SS} \leqslant V_i \leqslant V_{DD}$ 之间。

(3) 所有输入端一律不准悬空。输入端悬空不仅会造成逻辑混乱，而且容易损坏器件。

(4) 不使用的输入端应按照逻辑要求接入 V_{DD} 或 V_{SS}，工作速度不高的电路中，允许输入端并联使用。

(5) 输出端不允许直接与 V_{DD} 或 V_{SS} 相连，否则将导致器件损坏。

除三态输出器件外，允许两个器件输出端连接使用。为了增加驱动能力，允许把同一芯片上的电路并联使用。此时器件的输入端与输出端均对应相连。

(6) 在装接电路、改变电路连线或插拔电路器件时，必须切断电源，严禁带电操作。

(7) 焊接、测试和储存时的注意事项：①电路应存放在导电的容器内。②焊接时必须将电路板的电源切断；电烙铁外壳必须良好接地，必要时可以拔下烙铁电源，利用烙铁的余热进行焊接。③所有仪器的外壳必须良好接地。④若信号源与电路板使用两组电源供电，开机时，先接通电路板电源，再接信号源电源；关机时，先断开信号源电源，再断开电路板电源。

2.3 任务实施

2.3.1 普通二极管的识别与检测

用指针式万用表的欧姆挡测量二极管时，万用表的等效电路如图 2-10(a)所示。

万用表面板上的"+"习惯使用红表笔，"-"使用黑表笔。极性"+"和"-"是测量直流电压和直流电流时，保证指针正常偏转所规定的连接要求。在测量电阻时，表笔"+"处实际为低电位，而表笔"-"处实际为高电位，这一点在实际应用中一定要记住。

测量小功率管时，万用表置于 R×100Ω或 R×1kΩ挡，以防万用表的 R×1Ω挡输出电流过大，R×10kΩ挡输出电压过高而造成器件的损坏。对于面接触型大电流整流二极管可用

R×1Ω挡或 R×10kΩ挡进行测量。

实际测量时,黑表笔接二极管的正极,红表笔接二极管的负极,二极管正向导通,测得的是二极管的正向电阻,一般为几百欧姆到几千欧姆。当两根表笔对调后,测得的是二极管的反向电阻,锗管的反向电阻应在 100kΩ以上,硅管的反向电阻很大,几乎看不出表头指针的偏转。

以上测量方法,能大概判别二极管的好坏。当记住了万用表接线柱的输出电压极性和二极管的连接关系后,就可判别出二极管的正负电极。

有些数字万用表上具有二极管测试挡,如 DT—830 型数字万用表,其测试原理和指针式万用表测量电阻的方式完全不同。它测试二极管时的等效电路如图 2-10(b)所示,实际上是测量二极管两端的直流电压。当二极管的正负极和表的"+"及"−"对应相接时,二极管正向导通状态,经过定量校正后,数字电压表上显示 V_D 的电压值。若二极管的正负极和表的"−"及"+"对应相连,二极管反向偏置,表上"+"和"−"两端电压 V_D 的值超过数字电压表的量程,从而造成溢出指示。这种情况表示二极管具有单向导电性。

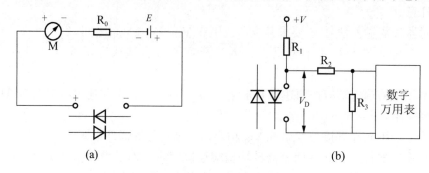

图 2-10 万用表的等效电路

2.3.2 光敏二极管的检测

1. 电阻测量法(用万用表 R×1kΩ挡)

光敏二极管正向电阻为 10kΩ左右。在无光照的情况下,反向电阻为无穷大时,管子是好的(反向电阻不是无穷大时,说明漏电流很大);有光照时,反向电阻随光照强度增加而减小,阻值可达到几千欧姆以下,则管子是好的;若反向电阻均是无穷大或 0 时,则管子是坏的。

2. 电压测量法(用万用表 1V 挡)

用红表笔接光敏二极管"+"极,黑表笔接"−"极,在光照下,其电压与光照强度成比例,一般可达 0.2~0.4V。

3. 短路电流测量法(用万用表 50μA 或 500μA 挡)

用红表笔接光敏二极管"+"极,黑表笔接"−"极,在白炽灯下(不能用日光灯),随着光照增强,若电流增加则管子是好的,短路电流可达数十至数百微安。

2.3.3 三极管的识别与检测

1. 基极的判别

无论是 NPN 三极管还是 PNP 三极管，其内部都存在两个 PN 结，即集电结和发射结。根据 PN 结的单向导电性，利用二极管的判别方法，很容易找出基极和判别三极管的导电类型。

现以 NPN 型三极管为例说明测试方法，使用的是普通指针万用表，采用测量电阻方法。先选定一个引脚，假设它是基极，用万用表黑表笔接在其上，用红表笔分别接通其他两引脚，得到的两个电阻值均较小，则再把红表笔与该假设基极连接，用黑表笔分别与其他两引脚接通，如得到的两个电阻值都很大，则原先假设的基极正确。否则，原假设错误。按以上步骤重新假设后进行测试，直到上述情况出现。

当基极判别出来以后，由上面测试电阻的结果还可知道，只有当黑表笔接基极，红笔接其他两引脚时，测到的两个电阻值较小；反之，得到的两个阻值较大，只能是 NPN 型三极管。

对于某些型号的大功率三极管，因其允许的工作电流很大，可达到安培数量级，其发射结面积大，杂质浓度高，造成基极—发射极的反向电阻不是很大，但还是能和正向电阻区别开来，可使用 R×1Ω 挡或 R×10Ω 挡进行测试。

2. 发射极和集电极的判别

判别发射极和集电极的依据，是正常运用时的 β 值比反向运用时要大得多。现以 NPN 型三极管为例说明测试方法。把万用表黑表笔接假设的集电极，红表笔接假设的发射极，在集电极和基极之间接入一个 100kΩ 左右的电阻，看万用表的电阻值。然后，把两表笔接法对调，观察万用表显示的电阻值。电阻值小表示通过电流大，就是正常放大状态，则此时黑表笔对应的就是集电极，红表笔对应的是发射极。

由上述测量过程可以估计三极管的电流放大系数。在许多数字万用表内都有三极管 β 的测量电路。

2.3.4 光敏三极管的检测

1. 光敏三极管的电极判别

可用目测内部法。由于光敏三极管通常采用透明树脂封装，所以管壳内的电极清晰可见：内部电极较宽大的一个为集电极，而较窄且小的一个为发射极。

2. 光敏三极管的测量

可用万用表测量光敏三极管的电阻或电流，如图 2-11 所示，其测试方法如表 2-4 所示。

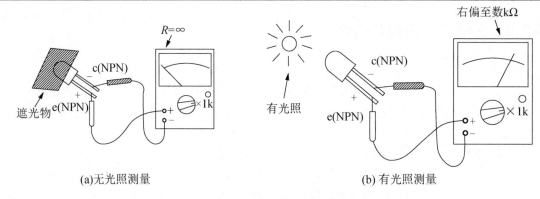

(a)无光照测量　　　　　　　　　　　(b) 有光照测量

图 2-11　光敏三极管的测量

表 2-4　光敏三极管的简易测试方法

	极性	无光照	在白炽灯光照下
测电阻 R×1kΩ挡	黑表笔接 c 红表笔接 e	指针微动接近∞	随光照强度变化而变化，光照强度大时，电阻变小，可达几千欧姆以下
	红表笔接 c 黑表笔接 e	电阻为∞	电阻为∞(或微动)
测电流 50μA 或 5mA 挡	电流表串联在电路里	小于 0.3μA (用 50μA 挡)	随光照强度增加而增加，在零点几毫安至几毫安之间变化(用 5mA 挡)

2.3.5　场效应管的检测

1. 用万用表检测结型场效应管的电极

将万用表置于 R×1kΩ挡，用黑表笔与结型场效应管的一个电极相接，再用红表笔依次接触另外的两个电极。若两次测量的电阻值都很小(几百欧姆～几千欧姆)，说明测的都是正向电阻，而且正向压降为 0.6V 左右，被测管为 N 沟道场效应管，此时黑表笔所接为栅极 g；若两次测出的阻值都较大，说明均为反向电阻，则被测管是 P 沟道场效应管，黑表笔所接仍是栅极 g。源极 s 和漏极 d 在结构上是对称的，一般用电阻挡难以区分，而且在大多数情况下即使将两者接反，结型场效应管仍能正常工作，只是放大能力略有降低。

2. 用万用表检测 MOS 场效应管的电极

将万用表置于 R×1kΩ挡，用两表笔与任意两引脚相接，如果有一个引脚与其他两引脚之间的电阻值都是无穷大，则表明该极为栅极 g。然后再用两表笔去接另外两个引脚，两次测量得到的阻值较小时，红表笔接的是漏极 d，黑表笔接的是源极 s。

3. 用万用表检测 VMOS 场效应管的电极

将万用表置于 R×1kΩ挡，分别测量 3 个引脚中任意两脚之间的电阻。若测量得到某脚与其他两引脚之间的电阻均为无穷大，而且将表笔互换后仍为无穷大，则证明该引脚是 g 极。然后用表笔分别接另外两引脚，两次测量得到的电阻值较小时为正向连接，即红表笔所接为 d 极，黑表笔所接为 s 极。

4. 用万用表区分结型场效应管和 MOS 管

用万用表 R×1kΩ挡或 R×100Ω挡测量 g、s 引脚之间的阻值,若阻值很大,则为 MOS 管;若与 PN 结的正向、反向阻值相近,则为结型场效应管。

5. 用万用表检测结型场效应管的质量

测试时,可以按照一般二极管的测量方法,分别测试栅极、源极之间和栅极、漏极之间的两个 PN 结,看看是否正常,若反向电阻很小,说明管子已坏。

6. 估测结型场效应管的放大能力

以 N 沟道为例,将万用表置于 R×10kΩ挡,红表笔接源极 s,黑表笔接漏极 d,观察 d、s 极之间的电阻值。再用手指捏住栅极 g,若观测到 d、s 极之间的电阻值有明显的变化(增大或减小的幅度较大),说明该管的放大能力较强;若无明显变化或不变,说明此管已经损坏。

7. 检测 MOS 场效应管的放大能力

栅极悬空,将万用表置于 R×10kΩ挡,用黑表笔接 d 极,红表笔接 s 极,观察 d、s 极之间的电阻值。再用手指接触栅极 g,若观测到 d、s 极之间的电阻值有明显的变化(增大或减小),其变化幅度越大,说明该管的放大能力越强。

用万用表检测 VMOS 管的跨导:将万用表置于 R×1kΩ挡或 R×100Ω挡,用黑表笔接 s 极,红表笔接 d 极,用螺丝刀去碰栅极 g,表针应有明显的偏转,偏转越大,说明该管的跨导越高。

2.3.6 集成电路的识别与检测

1. 集成电路的引脚识别

使用集成电路前,必须认真查对、识别集成电路的引脚,确认电源、接地、输入、输出、控制等端的引脚号。集成电路的封装形式无论是圆形还是扁平形,单列直插式还是双列直插式,其引脚排列均有一定规律。

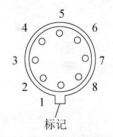

图 2-12 圆形封装的引脚排列顺序

(1) 圆形封装(见图 2-12):圆形封装将管朝上,从管键开始顺时针读引脚序号(现应用较少)。

(2) 单列直插式封装(SIP,见图 2-13):引脚朝下,标志朝左(以缺口、凹槽或色点作为引脚参考标记),引脚编号顺序一般从左到右排列。

(3) 双列直插式封装(DIP,见图 2-14)或四边带引脚的扁平型封装(UFP):集成电路引脚朝下,以缺口或色点等标记为参考标记,则引脚按逆时针方向排列。

2. 集成电路的检测

集成电路常用的检测方法有非在线测量法、在线测量法和代换法。

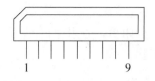
图 2-13 单列直插式封装的引脚排列顺序

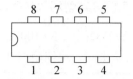
图 2-14 双列直插式封装的引脚排列顺序

1) 非在线测量法

在集成电路未焊入电路前,通过测量其各引脚之间的直流电阻值并与已知正常同型号集成电路各引脚之间的直流电阻值进行对比,以确定其是否正常。

2) 在线测量法

利用电压测量法、电阻测量法及电流测量法等,通过在电路上测量集成电路的各引脚电压值、电阻值和电流值是否正常,判断该集成电路是否损坏。

3) 代换法

用已知完好的同型号同规格集成电路来代换被测集成电路,可以判断出该集成电路是否损坏。

2.4 任务检查

任务检查单如表 2-5 所示。

表 2-5 检查单

学习情境一		电子元器件的识别与检测				
任务 2	半导体器件的识别和检测		学时			
序号	检查项目	检查标准		自查	互查	教师检查
1	训练问题	回答得认真,准确				
2	二极管的识别与检测	极性、参数识别正确,质量检测方法正确,元件代换合理				
3	三极管的识别与检测	极性、参数识别正确,质量检测方法正确,元件代换合理				
4	可控硅的识别与检测	极性、参数识别正确,质量检测方法正确,元件代换合理				
5	场效应管的识别与检测	极性、参数识别正确,质量检测方法正确,元件代换合理				
6	集成电路的识别与检测	极性、参数识别正确,质量检测方法正确,元件代换合理				
7	仪器仪表的使用情况	使用方法正确,仪器仪表选择合理				
8	安全操作	工具、仪表、劳保用品使用正确				
检查评价	班级		第 组	组长签字		
	教师签字		日期			
	评语:					

学习情境一 成果评价

成果评价单如表 2-6 所示。

表 2-6 评价单

学习领域		电子产品的组装与调试				
学习情境一	电子元器件的识别与检测			学时		
评价类别	项 目	子项目	学生自评	学生互评	教师评价	
专业能力 (70%)	资讯(10%)	搜集信息				
		引导问题回答				
	计划(10%)	计划可执行度				
		材料工具安排				
	实施(20%)	电阻的识别与检测				
		电容、电感的识别与检测				
		二极管、三极管的识别与检测				
		可控硅、场效应管、单结晶体管、集成电路的识别与检测				
	检查(10%)	全面性、准确性				
		故障的排除				
	过程(10%)	使用工具规范性				
		操作过程安全性				
		仪器、仪表和工具使用的正确性				
	结果(10%)	电子元器件的代换、识别与检测的正确性				
社会能力 (20%)	团结协作(10%)	小组成员合作状况				
		对小组的贡献				
	敬业精神(10%)	学习纪律性、独立工作能力				
		爱岗敬业、吃苦耐劳精神				
方法能力 (10%)	决策能力(5%)					
	计划能力(5%)					
评价	班级		姓名		学号	总评
	教师签字		第 组		组长签字	日期
	评语：					

小   结

(1) 电阻器、电容器、电感器的识别和检测。学会识读色环电阻，检测电阻和电位器的阻值，并掌握判断其质量的方法；学会识别电容器，判别电容器极性及检测电容器质量；学会识别电感器，并掌握检测电容器的方法。

(2) 半导体器件的识别和检测。能正确识别二极管、三极管、场效应管和可控硅，并能通过仪表对其进行检测。

思考练习一

1. 电子元器件有哪几种标注方法？各有什么特点？
2. 写出下列电阻器的标称阻值和允许偏差，并说明它们的标识方法。
470Ω±1%；   27k±5%；   橙蓝黑金；   棕绿黑棕棕。
3. 电容器的主要技术参数有哪些？写出如下图所示的电容器的标称容量。

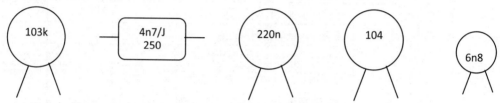

4. 写出 CT1-0.022μF-63V，RT-1-36kΩ±5%，RJ-0.5-10Ω±1%的含义。
5. 用万用表欧姆挡检测电容器是利用电容器有无充、放电现象来判断电容器的质量吗？
6. 变压器有何作用？主要有哪些技术指标？
7. 有一只脱落标志的稳压二极管，与一只外形与其相似的普通二极管混在一起，如何用万用表将稳压二极管鉴别出来？
8. 有一只 PNP 型三极管，从外观上分不清它的三个电极 b、e、c，怎样把这三个电极判别出来？
9. 如何用万用表判别结型场效应管的电极？
10. 有一只塑封的可控硅，怎样判别出它的三个电极：阳极、阴极和控制极？

学习情境二　串联型直流稳压电源的组装与调试

学习情境二实施概述

教学方法	教学资源、工具、设备
任务驱动教学法、引导法、案例教学法	① 示波器、万用表； ② 多媒体； ③ 常用电工工具； ④ 手工焊接设备； ⑤ 自动焊接设备

教学实施步骤		
工作过程	工作任务	教学组织
资讯	① 学生情况：掌握串联型直流稳压电源的基本工作原理及应用； ② 任务分析：教师通过演示法介绍元器件引线成形的方法、电路板的安装技术、元器件的焊接技术和串联型稳压电源的组装与调试方法	① 教师分组布置学习任务、提出任务要求； ② 建议采用引导法、演示法、案例法进行教学。每个小组独立检索与本工作任务相关的资讯
计划	在完成"任务资讯"部分的学习后，分析自己现有的知识与技能，衡量自己是否具有完成本任务的条件。如果具备，根据串联型直流稳压电源组装与调试所需的时间，针对元器件的选择与检测、PCB的安装、元器件的焊接、产品的调试等方面制订实施计划，具体要求如下： ① 根据串联型直流稳压电源的组装与调试工作任务的分析及领会，制订工作计划； ② 确定小组成员的分工； ③ 明确阶段成果及检查的项目	学生在教师的指导下集思广益，各抒己见，制订多种工作计划
决策	对已制订的多个计划： ① 分析实施可操作性； ② 分析工作条件的安全性； ③ 确定元器件的选择与检测方法； ④ 确定元器件的安装方法； ⑤ 确定元器件的焊接方法； ⑥ 确定产品的调试方法	学生在教师的指导下，在已制订的多个计划中，选出最切实可行的计划，决定实施方案

续表

工作过程	工作任务	教学组织
实施	① 教师将已装好的串联型直流稳压电源用案例教学法讲解，分析电路原理、组装与调试方法； ② 确定元器件的选择与检测方法； ③ 介绍串联型直流稳压电源的组装工艺； ④ 学生进行串联型直流稳压电源的组装训练； ⑤ 教师以"教学做"一体化模式介绍串联型直流稳压电源的调试方法； ⑥ 学生进行调试训练	① 学生填写材料、工具清单； ② 学生在教师的指导下进行串联型直流稳压电源的组装训练； ③ 学生在教师的指导下进行串联型直流稳压电源的调试训练
检查	实施完毕，对成果先进行小组自查，然后小组之间互查，最后教师检查，提出整改意见，检查学生的自主学习能力	小组自查→小组之间互查→教师检查
评价	实施完毕，对成果进行评价，包括小组自评，小组互评，教师点评，并给出本学习情境的成绩	小组自评→小组互评→教师总结评价结果
教学反馈	通过本学习情境的学习，学生能否掌握知识点和技能点；运用"教学做"一体化模式，学生能否学会串联型直流稳压电源的组装与调试等	通过教学反馈，使教师了解学生对本学习情境工作任务的掌握情况，为教师教学、教研教改提供依据

任务 3　手工焊接技术

3.1　任 务 描 述

3.1.1　任务目标

(1) 了解各种焊接材料的特点及使用方法。
(2) 掌握手工焊接的基本操作步骤与技巧。
(3) 掌握焊接质量的检查与分析方法。
(4) 增强学生的实际动手能力。

3.1.2　任务说明

手工焊接技术是电子产品装配工艺中非常重要的一个环节，是电子产品制造、使用和维修中不可缺少的技术。通过本任务的学习，使学生初步掌握基本的手工焊接技术。具体任务要求如下。

(1) 会正确使用各种装配工具。
(2) 会正确焊接常用的电子元器件，避免虚焊、漏焊、错焊等。
(3) 会检查焊接质量，识别焊点缺陷。
(4) 会对焊接工艺不合格的电子元器件进行修补。

3.2 任务资讯

3.2.1 焊接材料

1. 焊料

1) 管状焊锡丝

管状焊锡丝由助焊剂与焊锡制作在一起做成管状,在焊锡管中夹带固体助焊剂。助焊剂一般选用特级松香为基质材料,并添加一定的活化剂。管状焊锡丝一般适用于手工焊接。

管状焊锡丝的直径有 0.5mm、0.8mm、1.2mm、1.5mm、2.0mm、2.3mm、2.5mm、4.0mm 和 5.0mm。

2) 抗氧化焊锡

抗氧化焊锡是在锡铅合金中加入少量的活性金属,能使氧化锡、氧化铅还原,并漂浮在焊锡表面形成致密覆盖层,从而保护焊锡不被继续氧化。这类焊锡适用于浸焊和波峰焊。

3) 含银焊锡

含银焊锡是在锡铅焊料中加 0.5%～2.0%的银,可减少镀银件中银在焊料中的熔解量,并可降低焊料的熔点。

4) 焊膏

焊膏是表面安装技术中一种重要的材料,它由焊粉、有机物和熔剂制成糊状物,能方便地用丝网、模板或点膏机印涂在印制电路板上。

焊粉是用于焊接的金属粉末,其直径为 15～20μm,目前已有 Sn-Pb、Sn-Pb-Ag 和 Sn-Pb-In 等。有机物包括树脂或一些树脂熔剂混合物,用来调节和控制焊膏的黏性。使用的熔剂有触变胶、润滑剂和金属清洗剂。

常用焊锡的特性及用途如表 3-1 所示。

表 3-1 常用焊锡的特性及用途一览表

名 称	牌 号	主要成分			熔点 /℃	抗拉强度 kg/cm²	主要用途
		锡	锑	铅			
10 锡铅焊料	HISnPb 10	89%～91%	<0.15	余量	220	4.3	用于锡焊食品器皿及医药卫生物制品
39 锡铅焊料	HISnPb 39	39%～61%	<0.8		183	4.7	用于锡焊无线电元器件等
50 锡铅焊料	HISnPb 50	49%～51%			210	3.8	锡焊散热器、计算机、黄铜制件
58-2 锡铅焊料	HISnPb 58-2	39%～41%	1.5～2		235	3.8	用于锡焊无线电元器件、导线、钢皮镀锌件等
68-2 锡铅焊料	HISnPb 68-2	29%～31%			256	3.3	用于锡焊电金属护套、铝管

续表

名称	牌号	主要成分			熔点 /℃	抗拉强度 kg/cm²	主要用途
		锡	锑	铅			
80-2 锡铅焊料	HISnPb 80-2	17%～19%	1.5～2		277	2.8	用于锡焊油壶、容器、散热器
90-6 锡铅焊料	HISnPb 90-6	3%～4%	5～6		265	5.9	用于锡焊黄铜和铜
73-2 锡铅焊料	HISnPb 73-2	24%～26%	1.5～2		265	2.8	用于锡焊铅管

2．助焊剂

助焊剂主要用于锡铅焊接中，有助于清洁被焊接面，防止氧化，增加焊料的流动性，使焊点易于成形，提高焊接质量。

1) 助焊剂的作用

(1) 除氧化膜。

在进行焊接时，为使被焊物与焊料焊接牢靠，就必须要求金属表面无氧化物和杂质，只有这样才能保证焊锡与被焊物的金属表面固体结晶组织之间发生合金反应，即原子状态的相互扩散。因此在焊接开始之前，必须采取各种有效措施将氧化物和杂质除去。

除去氧化物与杂质，通常有两种方法，即机械方法和化学方法。机械方法是用砂纸和刀将其除掉；化学方法则是用助焊剂清除，这样不仅不损坏被焊物，而且效率高，因此焊接时，一般都采用这种方法。

(2) 防止氧化。

助焊剂除上述的去氧化物功能外，还具有加热时防止氧化的作用。由于焊接时必须把被焊金属加热到使焊料润湿并产生扩散的温度，而随着温度的升高，金属表面的氧化就会加速，助焊剂此时就在整个金属表面上形成一层薄膜，包住金属，使其同空气隔绝，从而起到了加热过程中防止氧化的作用。

(3) 促使焊料流动，减少表面张力。

焊料熔化后将贴附于金属表面，由于焊料本身表面张力的作用，力图变成球状，从而减小了焊料的附着力，而助焊剂则有减少焊料表面张力、促使焊料流动的功能，故使焊料附着力增强，使焊接质量得到提高。

(4) 把热量从烙铁头传递到焊料和被焊物表面。

因为在焊接中，烙铁头的表面及被焊物的表面之间存在许多间隙，在间隙中有空气，空气又为隔热体，这样必然使被焊物的预热速度减慢。而助焊剂的熔点比焊料和被焊物的熔点都低，故能够先熔化，并填满间隙和润湿焊点，使电烙铁的热量通过它很快地传递到被焊物上，使预热的速度加快。

2) 助焊剂的分类

常用的助焊剂分为无机类助焊剂、有机类助焊剂和树脂类助焊剂 3 大类。

(1) 无机类助焊剂。

无机类助焊剂的化学作用强，腐蚀性大，焊接性非常好。这类助焊剂包括无机酸和无机盐。它的熔点约为 180℃，是适用于锡焊的助焊剂。由于其具有强烈的腐蚀作用，不宜在电子产品装配中使用，只能在特定场合使用，并且焊后一定要清除残渣。

(2) 有机类助焊剂。

有机类助焊剂由有机酸、有机类卤化物以及各种胺盐树脂类等合成。这类助焊剂由于含有酸值较高的成分，因而具有较好的助焊性能，但它也具有一定程度的腐蚀性，残渣不易清洗，焊接时有废气污染，这限制了它在电子产品装配中的使用。

(3) 树脂类助焊剂。

树脂类助焊剂在电子产品装配中应用较广，其主要成分是松香。在加热情况下，松香具有去除焊件表面氧化物的能力，同时焊接后形成的膜层具有覆盖和保护焊点不被氧化腐蚀的作用。

由于松脂残渣具有非腐蚀性、非导电性、非吸湿性，焊接时没有什么污染，且焊后容易清洗，成本又低，所以这类助焊剂被广泛使用。松香助焊剂的缺点是酸值低、软化点低(55℃左右)，且易结晶、稳定性差，在高温时很容易脱羧碳化而造成虚焊。

目前出现了一种新型的助焊剂——氢化松香，它是用普通松脂提炼的。氢化松香在常温下不易氧化变色，软化点高，脆性小，酸值稳定，无毒、无特殊气味，残渣易清洗，适用于波峰焊接。

3) 使用助焊剂的注意事项

常用的松香助焊剂在超过 60℃时，绝缘性能会下降，焊接后的残渣对发热元器件有较大的危害，所以要在焊接后清除焊剂残留物。另外，存放时间过长的助焊剂不宜使用。因为助焊剂存放时间过长时，其成分会发生变化，活性变差，影响焊接质量。

正确合理地选择助焊剂，还应注意以下两点。

(1) 在元器件加工时，若引线表面状态不太好，又不便采用最有效的清洗手段时，可选用活化性强和清除氧化物能力强的助焊剂。

(2) 在总装时，焊件基本上都处于可焊性较好的状态，可选用助焊剂性能不强、腐蚀性较小、清洁度较好的助焊剂。

3. 阻焊剂

阻焊剂是一种耐高温的涂料。在焊接时，可将不需要焊接的部位涂上阻焊剂保护起来，使焊料只在需要焊接的焊接点上进行。阻焊剂广泛地用于浸焊和波峰焊。

1) 阻焊剂的优点

(1) 可避免或减少浸焊时桥接、拉尖、虚焊和连条等弊端，使焊点饱满，大大减少板子的返修量，提高焊接质量，保证产品的可靠性。

(2) 使用阻焊剂后，除了焊盘外，其余线条均不上锡，可节省大量焊料；另外，由于受热少、冷却快、降低印制电路板的温度，起到了保护元器件和集成电路的作用。

(3) 由于板面部分为阻焊剂膜所覆盖，增加了一定硬度，是印制电路板很好的永久性保护膜，还可以起到防止印制电路板表面受到机械损伤的作用。

2) 阻焊剂的分类

阻焊剂的种类很多，一般分为干膜型阻焊剂和印料型阻焊剂。现广泛使用印料型阻焊剂，这种阻焊剂又可分为热固化和光固化两种。

(1) 热固化阻焊剂的优点是附着力强，能耐 300℃高温；缺点是要在 200℃高温下烘烤 2h，板子易翘曲变形，能源消耗大，生产周期长。

(2) 光固化阻焊剂(光敏阻焊剂)的优点是在高压汞灯照射下，只要 2～3min 就能固化，节约了大量能源，大大提高了生产效率，便于组织自动化生产。另外，其毒性低，减少了环境污染。其不足之处是它溶于酒精，能和印制电路板上喷涂的助焊剂中的酒精成分相溶而影响印制电路板的质量。

3.2.2 手工焊接技术

1. 焊接操作姿势与注意事项

1) 电烙铁的握法

使用电烙铁的目的是加热被焊件而进行锡焊，绝不能烫伤、损坏导线和元器件，因此必须正确掌握电烙铁的握法。

电烙铁的握法通常有 3 种，如图 3-1 所示。

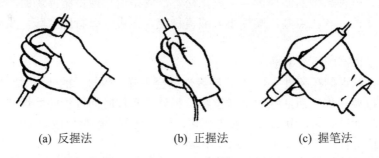

(a) 反握法　　　(b) 正握法　　　(c) 握笔法

图 3-1　电烙铁的握法

(a) 反握法：反握法是用五指把电烙铁柄握在手掌内。这种握法焊接时动作稳定，长时间操作不易疲劳。它适用于大功率的电烙铁和热容量大的被焊件。

(b) 正握法：正握法是用五指把电烙铁柄握在手掌外。它适用于中功率的电烙铁或烙铁头弯的电烙铁。

(c) 握笔法：这种握法类似于写字时手拿笔，易于掌握，但长时间操作易疲劳，烙铁头会出现抖动现象。它适用于小功率的电烙铁和热容量小的被焊件。

2) 焊锡丝的拿法

手工焊接中一手握电烙铁，另一手拿焊锡丝，帮助电烙铁吸取焊料。拿焊锡丝的方法一般有两种：连续锡丝拿法和断续锡丝拿法，如图 3-2 所示。

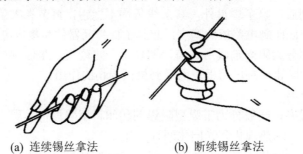

(a) 连续锡丝拿法　　　(b) 断续锡丝拿法

图 3-2　焊锡丝的拿法

(a) 连续锡丝拿法：连续锡丝拿法是用拇指和四指握住焊锡丝，三手指配合拇指和食指把焊锡丝连续向前送进。它适用于成卷(筒)焊锡丝的手工焊接。

(b) 断续锡丝拿法：断续锡丝拿法是用拇指、食指和中指夹住焊锡丝，采用这种拿法，焊锡丝不能连续向前送进。它适用于用小段焊锡丝的手工焊接。

3) 焊接操作的注意事项

(1) 由于焊丝成分中铅占一定比例，众所周知，铅是对人体有害的重金属，因此操作时应戴手套或操作后洗手，避免食入。

(2) 焊剂加热时挥发出来的化学物质对人体是有害的，如果在操作时人的鼻子距离烙铁头太近，则很容易将有害气体吸入。一般鼻子距烙铁的距离不小于 30cm，通常以 40cm 为宜。

(3) 使用电烙铁要配置烙铁架，一般放置在工作台右前方，电烙铁用后一定要稳妥地放于烙铁架上，并注意导线等物不要碰触烙铁头。

2. 手工焊接的要求

通常可以看到这样一种焊接操作法，即先用烙铁头沾上一些焊锡，然后将烙铁放到焊点上停留，等待加热后焊锡润湿焊件。应注意，这不是正确的操作方法。

当把焊锡熔化到烙铁头上时，焊锡丝中的焊剂附在焊料表面，由于烙铁头温度一般都在 250～350℃，在电烙铁放到焊点上之前，松香焊剂不断挥发，而当电烙铁放到焊点上时，由于焊件温度低，加热还需一段时间，在此期间焊剂很可能挥发大半甚至完全挥发，因而在润湿过程中会由于缺少焊剂而润湿不良。

同时，由于焊料和焊件温度差得多，结合层不容易形成，很容易虚焊。而且由于焊剂的保护作用丧失后焊料容易氧化，焊接质量也得不到保证。

1) 焊接点要保证良好的导电性能

虚焊是指焊料与被焊物表面没有形成合金结构，只是简单地依附在被焊金属的表面上，如图 3-3 所示。为使焊点具有良好的导电性能，必须防止虚焊。

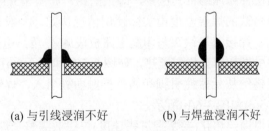

(a) 与引线浸润不好　　　　(b) 与焊盘浸润不好

图 3-3　虚焊

2) 焊接点要有足够的机械强度

焊点要有足够的机械强度，以保证被焊件在受到振动或冲击时不至于脱落、松动。为使焊点有足够的机械强度，一般可采用把被焊元器件的引线端子打弯后再焊接的方法。引线穿过焊盘后的处理方式如图 3-4 所示。

3) 焊点表面要光滑、清洁

为使焊点表面光滑、清洁、整齐，不但要有熟练的焊接技能，而且还要选择合适的焊料和焊剂。焊点不光洁表现为焊点出现粗糙、拉尖、棱角等现象。

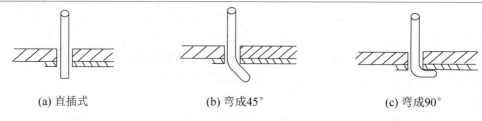

(a) 直插式　　　　　　(b) 弯成45°　　　　　　(c) 弯成90°

图 3-4　引线穿过焊盘后的处理方式

4) 焊点不能出现搭接、短路现象

如果两个焊点很近,很容易造成搭接、短路的现象,因此在焊接和检查时,应特别注意这些地方。

3. 五步操作法

对于一个初学者来说,一开始就掌握正确的手工焊接方法并养成良好的操作习惯是非常重要的。手工焊接的五步操作法如图 3-5 所示。

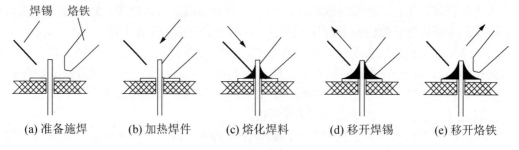

(a) 准备施焊　　(b) 加热焊件　　(c) 熔化焊料　　(d) 移开焊锡　　(e) 移开烙铁

图 3-5　五步操作法

(a) 准备施焊。将焊接所需材料、工具准备好,如焊锡丝、松香焊剂、电烙铁及其支架等。焊前对烙铁头进行检查,查看其是否能正常"吃锡"。如果吃锡不好,就要将其锉干净,再通电加热并用松香和焊锡将其镀锡,即预上锡,如图 3-5(a)所示。

(b) 加热焊件。电烙铁的焊接温度由实际使用情况决定。一般来说以焊接一个锡点的时间限制在 3 秒最合适。焊接时烙铁头与印制电路板成 45°角,电烙铁头顶住焊盘和元器件引脚,然后给元器件引脚和焊盘均匀预热,如图 3-5(b)和图 3-6(a)所示。

(c) 熔化焊料。焊锡丝从元器件引脚和烙铁接触面处引入,焊锡丝应靠在元器件引脚与烙铁头之间,如图 3-5(c)和图 3-6(b)所示。

(d) 移开焊锡。当焊锡丝熔化(要掌握进锡速度)焊锡散满整个焊盘时,即可以 45°角方向拿开焊锡丝,如图 3-5(d)和图 3-6(c)所示。

(e) 移开烙铁。焊锡丝拿开后,烙铁继续放在焊盘上持续 1~2 秒,当焊锡只有轻微烟雾冒出时,即可拿开烙铁,如图 3-5(e)和图 3-6(d)所示。拿开烙铁时,不要过于迅速或用力往上挑,以免溅落锡珠、锡点或使焊锡点拉尖等,同时要保证被焊元器件在焊锡凝固之前不要移动或受到震动,否则极易造成焊点结构疏松、虚焊等现象。

学习情境二　串联型直流稳压电源的组装与调试

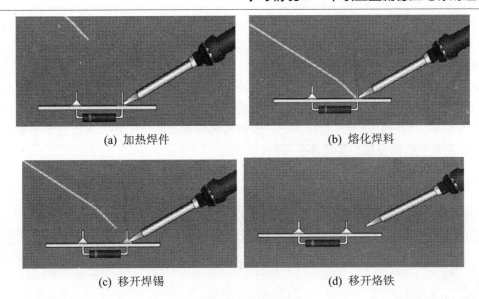

(a) 加热焊件　　　　　　　　　(b) 熔化焊料

(c) 移开焊锡　　　　　　　　　(d) 移开烙铁

图 3-6　手工焊接方法

4．焊接的操作要领

1) 焊前做准备

(1) 视被焊件的大小，准备好电烙铁、镊子、剪刀、斜口钳、尖嘴钳、焊剂等工具。

(2) 焊前要将元器件引线刮净，最好是先镀锡再焊。对被焊件表面的氧化物、锈斑、油污、灰尘、杂质等要清理干净。

2) 焊剂要适量

使用焊剂的量要根据被焊面积的大小和表面状态适量施用。用量过少会影响焊接质量，过多会造成焊后焊点周围出现残渣，使印制电路板的绝缘性能下降，同时还可能造成对元器件和印制电路板的腐蚀。合适的焊剂量标准是既能润湿被焊物的引线和焊盘，又不让焊剂流到引线插孔中和焊点的周围。

3) 温度时间把握好

在焊接时，为使被焊件达到适当的温度，并使固体焊料迅速熔化润湿，就要有足够的热量和温度。如果温度过低，焊锡流动性差，很容易凝固，形成虚焊；如果温度过高，将使焊锡流淌，焊点不易存锡，焊剂分解速度加快，使金属表面加速氧化，并导致印制电路板上的焊盘脱落。

特别值得注意的是，当使用天然松香焊剂且锡焊温度过高时，很容易使锡焊的时间随被焊件的形状、大小不同而有所差别，但总的原则是看被焊件是否完全被焊料所润湿。通常情况下，烙铁头与焊点的接触时间以使焊点光亮、圆滑为宜。如果焊点不亮并形成粗糙面，说明温度不够，时间太短，此时需要提高焊接温度，只要将烙铁头继续放在焊点上多停留些时间即可。

4) 焊料的施加方法

焊料的施加方法可根据焊点的大小及被焊件的多少而定。

当引线焊接于接线柱上时，首先将烙铁头放在接线端子和引线上，当被焊件经过加热达到一定温度时，先给烙铁头位置少量焊料，使烙铁头的热量尽快传到焊件上，当所有的被焊件温度都达到了焊料熔化温度时，应立即将焊料从烙铁头向其他需焊接的部位延伸，直到距电烙铁加热部位最远的地方，并等到焊料润湿整个焊点，一旦润湿达到要求，要立即撤掉焊锡丝，以避免造成堆焊。

如果焊点较小，最好使用焊锡丝，应先将烙铁头放在焊盘与元器件引脚的交界面上，同时对二者进行加热。当达到一定温度时，将焊锡丝点到焊盘与引脚上，使焊锡熔化并润湿焊盘与引脚。当刚好润湿整个焊点时，及时撤离焊锡丝和电烙铁，焊出光洁的焊点。焊接时应注意烙铁头的位置，如图 3-7 所示。

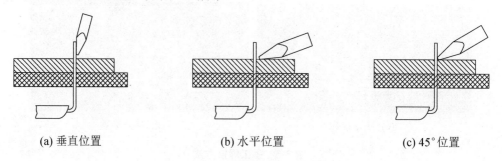

(a) 垂直位置　　　　　　　(b) 水平位置　　　　　　　(c) 45°位置

图 3-7　烙铁头在焊接时的位置对比

如果没有焊锡丝，且焊点较小，可用电烙铁头沾适量焊料，再沾松香后，直接放于焊点处，待焊点着锡并润湿后便可将电烙铁撤走。撤电烙铁时，要从下面向上提拉，以使焊点光亮、饱满。要注意把握时间，如时间稍长，焊剂就会分解，焊料就会被氧化，将使焊接质量下降。

如果电烙铁的温度较高，所沾的焊剂很容易分解挥发，就会造成焊接焊点时焊剂不足。解决的办法是将印制电路板焊接面朝上放在桌面上，用镊子夹一小粒松香焊剂(一般芝麻粒大小即可)放到焊盘上，再用烙铁头沾上焊料进行焊接，就比较容易焊出高质量的焊点。

5)　焊接时被焊件要扶稳

在焊接过程中，特别是在焊锡凝固过程中不能晃动被焊元器件引线，否则将造成虚焊。

6)　撤离电烙铁的方法

掌握好电烙铁的撤离方向，可带走多余的焊料，从而能控制焊点的形成。为此，合理地利用电烙铁的撤离方向，可以提高焊点的质量。

不同的电烙铁的撤离方法，产生的效果也不一样。图 3-8(a)所示是烙铁头与轴向成 45°角(斜上方)撤离，这种方法能使焊点成形美观、圆滑，是较好的撤离方式；图 3-8(b)所示是烙铁头垂直向上撤离，这种方法容易造成焊点的拉尖及毛刺现象；图 3-8(c)所示是烙铁头以水平方向撤离，这种方法使烙铁头带走很多的焊锡，将造成焊点焊量不足；图 3-8(d)所示是烙铁头垂直向下撤离，烙铁头将带走大部分焊料，使焊点无法形成，常常用于在印制电路板面上搪锡；图 3-8(e)所示是烙铁头垂直向上撤离，烙铁头要带走少量焊锡，将影响焊点的正常形成。

(a) 烙铁头与轴向成45°角撤离 (b) 垂直向上撤离 (c) 水平方向撤离 (d) 垂直向下撤离 (e) 垂直向上撤离

图 3-8 电烙铁的撤离方法

7) 焊点的重焊

当焊点一次焊接不成功或上锡量不够时,要重新焊接。重新焊接时,必须等上次的焊锡一同熔化并熔为一体时,才能把电烙铁移开。

8) 焊接后的处理

在焊接结束后,应将焊点周围的焊剂清洗干净,并检查电路有无漏焊、错焊、虚焊等现象。用镊子将每个元器件拉一拉,看有无松动现象。

3.2.3 焊接质量的检查

焊接是电子产品制造中最主要的一个环节,焊接结束后,为保证焊接质量,都要进行质量检查。由于焊接检查与其他生产工序不同,没有一种机械化、自动化的检查测量方法,因此主要是通过目视检查和手触检查发现问题。一个虚焊点就能造成整台设备的失灵,要在一台有成千上万个焊点的设备中找出虚焊点是很困难的。

1. 焊点缺陷及质量分析

1) 桥接

桥接是指焊料将印制电路板中相邻的印制导线及焊盘连接起来的现象。明显的桥接较易发现,但细小的桥接用目视法是较难发现的,往往要通过仪器的检测才能暴露出来。

明显的桥接是由于焊料过多或焊接技术不良造成的。当焊接的时间过长使焊料的温度过高时,将使焊料流动而与相邻的印制导线相连,以及电烙铁离开焊点的角度过小都容易造成桥接。

对于毛细状的桥接,可能是由于印制电路板的印制导线有毛刺或有残余的金属丝等,在焊接过程中起到了连接的作用而造成的,如图 3-9 所示。

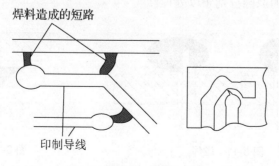

图 3-9 桥接

处理桥接的方法是将电烙铁上的焊料抖掉,再将桥接的多余焊料带走,断开短路部分。

2) 拉尖

拉尖是指焊点上有焊料尖产生，如图 3-10 所示。焊接时间过长，焊剂分解挥发过多，使焊料黏性增加，当电烙铁离开焊点时就容易产生拉尖现象，或是由于电烙铁撤离方向不当，也可产生焊料拉尖。最根本的避免方法是提高焊接技能，控制焊接时间。对于已造成拉尖的焊点，应进行重焊。

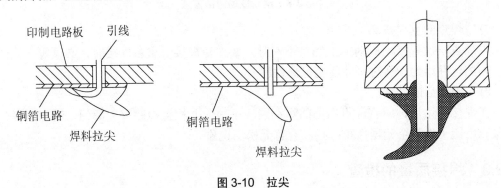

图 3-10　拉尖

焊料拉尖如果超过了允许的引出长度，将造成绝缘距离变小，尤其是对高压电路，将造成打火现象。因此，对这种缺陷要加以修整。

3) 堆焊

堆焊是指焊点的焊料过多，外形轮廓不清，甚至根本看不出焊点的形状，而焊料又没有布满被焊物引线和焊盘，如图 3-11 所示。

造成堆焊的原因是焊料过多，或者是焊料的温度过低，焊料没有完全熔化，焊点加热不均匀，以及焊盘、引线不能润湿等。

避免堆焊形成的办法是彻底清洁焊盘和引线，适量控制焊料，增加助焊剂，或提高电烙铁功率。

4) 空洞

空洞是由于焊盘的穿线孔太大、焊料不足，致使焊料没有全部填满印制电路板插件孔而形成的。除上述原因以外，如印制电路板焊盘开孔位置偏离了焊盘中点，或孔径过大，或孔周围焊盘氧化、脏污、预处理不良，都将造成空洞现象，如图 3-12 所示。出现空洞后，应根据空洞出现的原因分别予以处理。

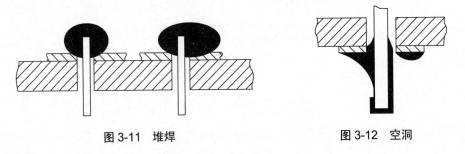

图 3-11　堆焊　　　　　　　　图 3-12　空洞

5) 浮焊

浮焊的焊点没有正常焊点光泽和圆滑，而是呈白色细粒状，表面凸凹不平。造成的原因是电烙铁温度不够,或焊接时间太短,或焊料中杂质太多。浮焊的焊点机械强度较弱,焊料容易脱落。出现这种焊点时,应进行重焊,重焊时应提高电烙铁温度,或延长电烙铁在焊点上的停留时间,也可更换熔点低的焊料重新焊接。

6) 虚焊

虚焊(假焊)就是指焊锡简单地依附在被焊物的表面上,没有与被焊接的金属紧密结合,形成金属合金。从外形上看,虚焊的焊点几乎是焊接良好,但实际上松动,或电阻很大甚至没有连接。由于虚焊是较易出现的故障,且不易被发现,因此要严格焊接程序,提高焊接技能,尽量减少虚焊的出现。

造成虚焊的原因:一是焊盘、元器件引线上有氧化层、油污和污物,在焊接时没有被清洁或清洁不彻底而造成焊锡与被焊物的隔离,因而产生虚焊;二是由于在焊接时焊点上的温度较低,热量不够,使助焊剂未能充分发挥,致使被焊面上形成一层松香薄膜,这样造成焊料的润湿不良,便会出现虚焊,如图 3-13 所示。

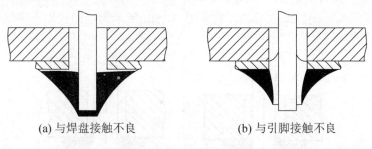

(a) 与焊盘接触不良　　　　(b) 与引脚接触不良

图 3-13　虚焊

7) 焊料裂纹

焊点上焊料产生裂纹,主要是由于在焊料凝固时,移动了元器件引线位置而造成的。

8) 铜箔翘起、焊盘脱落

铜箔从印制电路板上翘起,甚至脱落,如图 3-14 所示。其主要原因是焊接温度过高,焊接时间过长。另外,维修过程中拆除和重插元器件时,由于操作不当,也会造成焊盘脱落。有时元器件过重而没有固定好,不断晃动也会造成焊盘脱落。

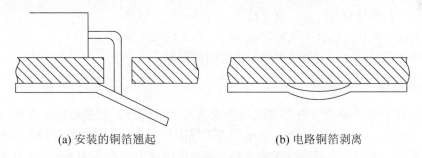

(a) 安装的铜箔翘起　　　　(b) 电路铜箔剥离

图 3-14　安装的铜箔翘起和电路铜箔剥离

从上面焊接缺陷产生原因的分析中可知,焊接质量的提高要从以下两个方面着手。

第一,要熟练地掌握焊接技能,准确地掌握焊接温度和焊接时间,使用适量的焊料和焊剂,认真对待焊接过程的每一个步骤。

第二,要保证被焊物表面的可焊性,必要时采取涂敷浸锡措施。

2. 目视检查

目视检查(可借助放大镜、显微镜观察)就是从外观上检查焊接质量是否合格，也就是从外观上评价焊点有什么缺陷。目视检查主要有以下内容。

(1) 是否有漏焊。漏焊是指应该焊接的焊点没有焊上。
(2) 焊点的光泽好不好。
(3) 焊点的焊料足不足。
(4) 焊点周围是否有残留的焊剂。
(5) 有没有连焊。
(6) 焊盘有没有脱落。
(7) 焊点有没有裂纹。
(8) 焊点是不是凹凸不平。
(9) 焊点是否有拉尖现象。

图 3-15 所示为正确的焊点形状，其中图 3-15(a)所示为直插式焊点形状，图 3-15(b)所示为半打弯式的焊点形状。

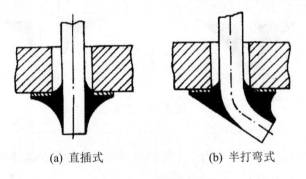

(a) 直插式　　　　　(b) 半打弯式

图 3-15　正确的焊点形状

3. 手触检查

手触检查主要有以下内容。

(1) 用手指触摸元器件时，有无松动、焊接不牢的现象。
(2) 用镊子夹住元器件引线轻轻拉动时，有无松动现象。
(3) 焊点在摇动时，上面的焊锡是否有脱落现象。

4. 通电检查

通电检查必须在外观检查及连线检查无误后才可进行，它是检验电路性能的关键步骤。如果不经过严格的外观检查，通电检查不仅困难较多，而且有损坏设备仪器、造成安全事故的危险。例如，电源连线虚焊，那么通电时就会发现设备加不上电，当然也就无法检查了。

通电检查可以发现许多微小的缺陷，例如，用目测观察不到的电路桥接，但对于内部虚焊的隐患就不容易觉察。所以根本的问题还是要提高焊接操作的技术水平，不能把问题留给检查工作。

如图 3-16 所示为通电检查时可能存在的故障与焊接缺陷的关系，可供参考。

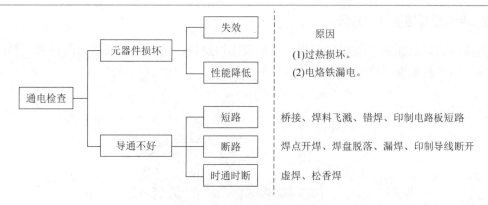

图 3-16 通电检查及分析

3.2.4 拆焊

在调试和维修中常需要更换一些元器件,如果方法不得当,就会破坏印制电路板,也会使换下而并没失效的元器件无法重新使用。

一般像电阻器、电容器、晶体管等引脚不多,且每个引线可相对活动的元器件,可用电烙铁直接拆焊。如图 3-17 所示,将印制电路板竖起来夹住,一边用电烙铁加热待拆元器件的焊点,一边用镊子或尖嘴钳夹住元器件引线轻轻拉出。

重新焊接时,须先用锥子将焊孔在加热熔化焊锡的情况下扎通。需要指出的是,这种方法不宜在一个焊点上多次使用,因为印制导线和焊盘经反复加热后很容易脱落,造成印制电路板损坏。

当需要拆下多个焊点且引线较硬的元器件时,以上方法就不行了,为此,下面介绍几种拆焊方法。

1. 选用合适的医用空心针头拆焊

将医用空心针头用钢挫挫平,作为拆焊的工具,具体方法是:一边用电烙铁熔化焊点,一边把针头套在被焊的元器件引线上,直至焊点熔化后,将针头迅速插入印制电路板的孔内,使元器件的引线与印制电路板的焊盘脱开,如图 3-18 所示。

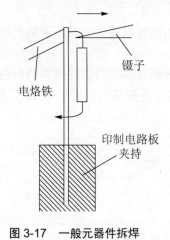

图 3-17 一般元器件拆焊   图 3-18 用空心针头拆焊

2. 用气囊吸锡器进行拆焊

将被拆的焊点加热，使焊料熔化，再把吸锡器挤瘪，将吸嘴对准熔化的焊料，然后放松吸锡器，焊料就被吸进吸锡器内，如图 3-19 所示。

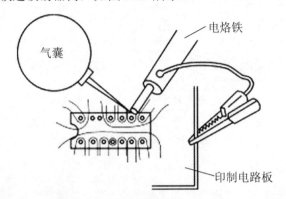

图 3-19　用气囊吸锡器拆焊

3. 用铜编织线进行拆焊

将铜编织线的部分上松香焊剂，然后放在将要拆焊的焊点上，再把电烙铁放在铜编织线上加热焊点，待焊点上的焊锡熔化后，就被铜编织线吸去。如焊点上的焊料一次没有被吸完，则可进行第二次、第三次，直至吸完。铜编织线吸满焊料后，就不能再用，需要把已吸满焊料的部分剪去。

4. 采用吸锡电烙铁拆焊

吸锡电烙铁是一种专用于拆焊的烙铁，它能在对焊点加热的同时，把锡吸入内腔，从而完成拆焊。

拆焊是一项细致的工作，不能马虎，否则将造成元器件的损坏和印制导线的断裂以及焊盘的脱落等不应有的损失。为保证拆焊的顺利进行，应注意以下两点。

第一，烙铁头加热被拆焊点时，焊料熔化就应及时按垂直印制电路板的方向拔出元器件的引线，不管元器件的安装位置如何、是否容易取出，都不要强拉或扭转元器件，以避免损伤印制电路板和其他元器件。

第二，在插装新元器件之前，必须把焊盘插线孔内的焊料清除干净，否则在插装新元器件引线时，将造成印制电路板的焊盘翘起。

清除焊盘插线孔内焊料的方法是：用合适的缝衣针或元器件的引线从印制电路板的非焊盘面插入孔内，然后用电烙铁对准焊盘插线孔加热，待焊料熔化时，缝衣针从孔中穿出，从而清除了孔内焊料。

3.3　任　务　实　施

3.3.1　导线的加工与焊接训练

导线的加工与焊接过程：剪裁、剥头、捻头、搪锡(或称浸锡)、焊接。

操作一：导线剪裁、剥头、捻头、搪锡

(1) 裁剪：将导线切成需要的长度。

(2) 剥头：导线端头剥线头，再用偏口钳或剥线钳剥去导线两端约 10mm 长的外皮。

注意：要根据导线的直径选择剥线钳插孔的孔径，以免损伤芯线，如图 3-20 所示。

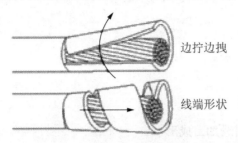

图 3-20 多股导线剥线技巧

(3) 捻头：用尖嘴钳轻轻夹住此散乱的芯线头，使芯线头密绕。按芯线方向捻动导线旋转数。

(4) 搪锡：捻好的芯线头放在助焊剂松香上用烙铁加热，同时将焊锡丝熔化在芯线头上薄薄地镀上一层焊锡。其目的在于防止氧化，提高焊接质量，如图 3-21 所示。

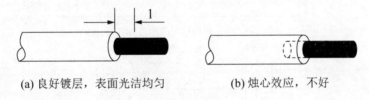

(a) 良好镀层，表面光洁均匀　　(b) 烛心效应，不好

图 3-21 搪锡

操作二：导线的焊接

导线的焊接主要有绕焊、钩焊、搭焊、插焊等几种形式，如图 3-22 所示。

(1) 绕焊是把导线端头用尖嘴钳或镊子卷绕在接线端子上，然后进行焊接的方法。

(2) 钩焊是把导线端头弯成钩状，钩连在端子上，并用扁嘴钳子夹紧，然后进行焊接的方法。

(3) 搭焊是把导线端头搭接在线端子上，然后用烙铁焊接的方法。

(4) 插焊是把导线端头插入接线端子孔内，用电烙铁焊接的方法。这种方法适用于杯形接线端子。

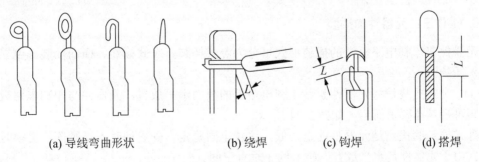

(a) 导线弯曲形状　　(b) 绕焊　　(c) 钩焊　　(d) 搭焊

图 3-22 导线的焊接

3.3.2 通孔式元件的焊接训练

1. 操作一：焊接训练准备

(1) 训练工具准备。
(2) 材料准备。
(3) 采用正确的加热方法。
(4) 焊锡量要合适。
(5) 准备适量的焊剂。

2. 操作二：元器件引线加工成形

对于手工插装和手工焊接的元器件，一般把引线加工成如图 3-23 所示的形状。

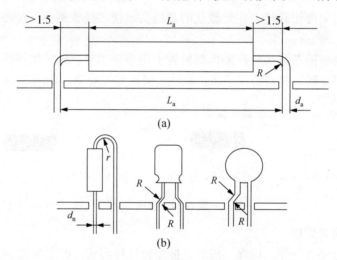

图 3-23 手工插装元件引线成形

元器件引线成形的技术要求如下。

(1) 引线成形后，元器件本体不应产生破裂，表面封装不应损坏，引线弯曲部分不允许出现模印裂纹。

(2) 引线成形后，其标称值应处于查看方便的位置，一般应位于元器件的上表面或外表面。

3. 操作三：元器件的插装

元器件在印制电路板上的插装形式可分为卧式插装、立式插装、横向插装、倒立插装和嵌入插装。

(1) 卧式插装是将元器件紧贴印制电路板的板面水平放置，元器件与印制电路板之间的距离可视具体要求而定，如图 3-24 所示。

卧式插装的优点是元器件的重心低，比较牢固稳定，受震动时不易脱落，更换时比较方便。由于元器件是水平放置，故节约了垂直空间。

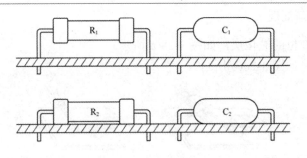

图 3-24 卧式插装

(2) 立式插装是将元器件垂直插入印制电路板,如图 3-25 所示。

立式插装的优点是插装密度大,占用印制电路板的面积小,插装与拆卸都比较方便。

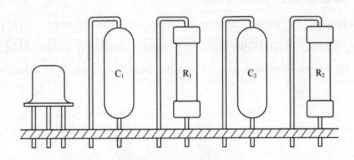

图 3-25 立式插装

(3) 横向插装是将元器件先垂直插入印制电路板,然后将其朝水平方向弯曲,如图 3-26 所示。该插装形式适用于具有一定高度的元器件,以降低高度。

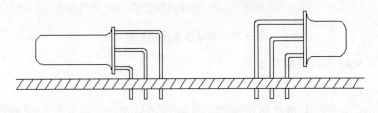

图 3-26 横向插装

(4) 倒立插装与嵌入插装,如图 3-27 所示。这两种插装形式一般情况下应用不多,是为了特殊的需要而采用的插装形式(如在高频电路中采用倒立插装可减少元器件引脚带来的天线作用)。嵌入插装除为了降低高度外,更主要的是提高元器件的防震能力和加强牢靠度。

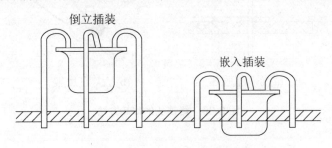

图 3-27 倒立插装与嵌入插装

4. 操作四：焊前处理

(1) 清除焊接部位的氧化层，如图 3-28(a)所示。

(2) 元件搪锡，如图 3-28(b)所示。

(a) 刮去氧化层　　(b) 均匀镀上一层锡

图 3-28　焊前处理

5. 操作五：烙铁头温度的调整与判断

根据助焊剂的发烟状态判别：在烙铁头上熔化一点松香芯焊料，根据助焊剂的烟量大小判断其温度是否合适，如图 3-29 所示。温度低时，发烟量小，持续时间长；温度高时，烟气量大，消散快；在中等发烟状态，约 6～8s 消散时，温度约为 300℃，这时是焊接的合适温度。

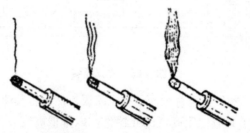

(a) 发烟量小　　(b) 中等发烟状态　　(c) 烟气量大

图 3-29　烙铁头温度的判断

6. 操作六：电烙铁的接触及加热

(1) 烙铁头接触方法。

接触时，应该让焊件上需要焊锡浸润的各部分均匀受热，而不是仅仅加热焊件的一部分，更不要采用烙铁对焊件增加压力的办法。

(2) 烙铁头的加热方法如图 3-30 所示。

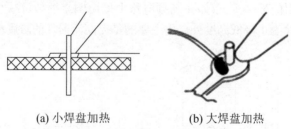

(a) 小焊盘加热　　(b) 大焊盘加热

图 3-30　烙铁头的加热方法

7. 操作七：焊接五步操作法

焊接五步操作法如图 3-31 所示。

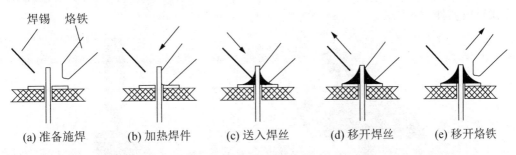

图 3-31　焊接五步操作法

8. 操作八：焊点的质量检查

焊点的质量检查如图 3-32 所示。

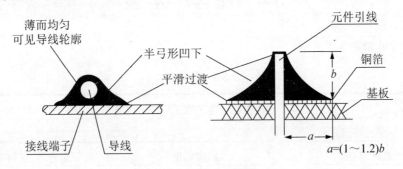

图 3-32　焊点的质量检查

3.3.3　拆焊训练

1. 分点拆焊法

两个焊点之间的距离较大时采用分点拆焊法。先拆除一端焊接点上的引脚，如图 3-33(a) 和图 3-33 (b)所示，再拆除另一端焊接点上的引脚，最后将器件拔出，如图 3-33(c)和 3-33(d) 所示。

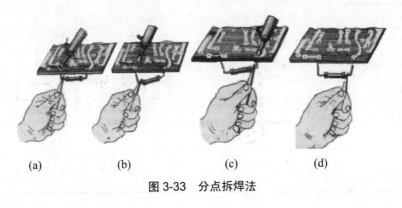

图 3-33　分点拆焊法

2. 集中拆焊法

集中拆焊法如图 3-34、图 3-35 所示，即用电烙铁同时交替加热几个焊点，待焊锡熔化后一次拔出器件。

图 3-34 集中拆焊法

图 3-35 专用烙铁头的外形

3.4 任 务 检 查

任务检查单如表 3-2 所示。

表 3-2 检查单

学习情境二		串联型直流稳压电源的组装与调试			
任务 3	手工焊接技术		学时		
序号	检查项目	检查标准	自查	互查	教师检查
1	训练问题	回答得认真、准确			
2	元器件的清点检查	用万用表对所有元器件进行检测，列表记录，并将不合格的元器件筛选出来进行更换			
3	元器件的引脚成形	元器件的引脚成形按安装要求合理规范，符合工艺要求			
4	安装电路	按装配图进行装接，要求不装错，不损坏元器件，元器件排列整齐			
5	手工焊接	焊点光滑美观，无虚焊、漏焊和搭锡			
6	仪器工具的使用情况	使用方法正确，仪器工具选择合理			
7	规范、安全操作	是否安全操作，是否符合 6S 标准			
检查评价	班级		第 组	组长签字	
	教师签字		日期		
	评语：				

任务 4　自动焊接技术

4.1　任务描述

4.1.1　任务目标

(1) 理解波峰焊、回流焊的工作原理、设备构造和质量特点。
(2) 掌握波峰焊、回流焊的工艺流程。
(3) 培养学生良好的职业素养。

4.1.2　任务说明

(1) 学会波峰焊、回流焊设备的基本操作。
(2) 了解自动焊接技术的发展趋势。
(3) 学会辨识焊点的质量。

4.2　任务资讯

4.2.1　波峰焊

波峰焊是将熔融的液态焊料，借助机械或电磁泵的作用，在焊料槽液面形成特定形状的焊料波峰，将插装了元器件的印制电路板置于传送链上，以某一特定的角度、一定的浸入深度和一定的速度穿过焊料波峰而实现逐点焊接的过程。波峰焊适用于大批量生产。

1. 波峰焊接机的组成

波峰焊接机通常由涂助焊剂装置、预热装置、焊料槽、冷却风扇和传送装置等部分组成，其结构形式有圆周式和直线式两种，如图 4-1 所示。

图 4-1(a)所示为圆周式，焊接机的有关装置沿圆周排列，台车运行一周完成一块印制电路板的焊接任务。这种焊接机的特点是台车能连续循环使用。

图 4-1(b)所示为直线式，通常传送带安装在焊接机的两侧，印制电路板可用台车传送，也可直接挂在传送带上。

2. 波峰焊的工艺过程

波峰焊的工艺流程为：焊前准备→装→涂敷焊剂→预热→波峰焊接→冷却→清洗→卸。

(1) 焊前准备。焊前准备主要是对印制电路板进行去油污处理，去除氧化膜和涂阻焊剂。

(2) 装。从插件台送来的已装有元器件的印制电路板夹具，经传送链输送到波峰焊接机的自动控制器上。

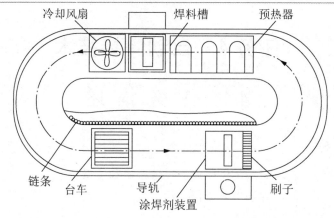

(a) 圆周式结构

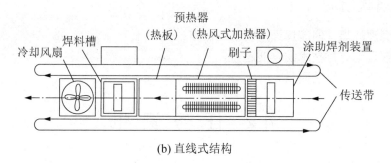

(b) 直线式结构

图 4-1　波峰焊接机

　　(3) 涂敷焊剂。由控制器将印制电路板送入波峰焊接机的涂敷焊剂装置，把焊剂均匀地涂敷到印制电路板上，涂敷的形式有发泡式、喷流式、浸渍式、喷雾式等，其中发泡式是最常用的形式。涂敷的焊剂应注意保持一定的浓度，焊剂浓度过高，印制电路板的可焊性好，但焊剂残渣多，难以清除；焊剂浓度过低，则印制电路板的可焊性变差，容易造成虚焊。

　　(4) 预热。预热是给印制电路板加热，使焊剂活化并减少印制电路板与锡波接触时遭受的热冲击。预热时应严格控制预热温度：预热温度高，会使桥接、拉尖等不良现象减少；预热温度低，对插装在印制电路板上的元器件有益。一般预热温度为 70～90℃，预热时间约为 40s。印制电路板预热后可提高焊接质量，防止虚焊、漏焊。

　　(5) 波峰焊接。印制电路板经涂敷焊剂和预热后，由传送带送入焊料槽，印制电路板的板面与焊料波峰接触，完成印制电路板上所有焊点的焊接。波峰焊分为单波峰焊(见图 4-2)和双波峰焊(见图 4-3)。

　　双波峰焊时，焊接部位先接触第一个波峰，然后接触第二个波峰。第一个波峰是由高速喷嘴形成的窄波峰，它流速快，具有较大的垂直压力和较好的渗透性，同时对焊接面具有擦洗作用，提高了焊料的润湿性，克服了因元器件的形状和取向复杂带来的问题。

　　另外，高速波峰向上的喷射力足以使焊剂气体排出，大大地减少了漏焊、桥接和焊缝不充实等焊接缺陷，提高了焊接的可靠性。第二个波峰是一个平滑的波峰，流动速度慢，有利于形成充实的焊缝，同时有利于去除引线上过量的焊料，修正焊接面，消除桥接和虚焊，确保焊接的质量。

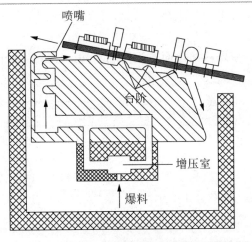
图 4-2 单波峰焊示意图

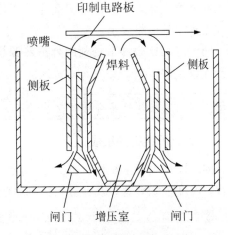
图 4-3 双波峰焊示意图

(6) 冷却。印制电路板焊接后,板面温度很高,焊点处于半凝固状态,轻微的震动都会影响焊接的质量,另外,印制电路板长时间承受高温也会损伤元器件。因此,焊接后必须进行冷却处理,一般采用风冷。

(7) 清洗。波峰焊接完成后,要对板面残存的焊剂等污物及时清洗,否则既不美观,又会影响焊件的电性能。其清洗材料要求只对焊剂的残留物有较强的溶解和去污能力,而对焊点不应有腐蚀作用。目前普遍使用超声波清洗。

(8) 卸。卸就是由自动卸板机装置把清洗好的印制电路板从波峰焊设备上取下送往硬件装配线。

3. 波峰焊的注意事项

为提高焊接质量,进行波峰焊时应注意以下几点。

(1) 按时清除锡渣。熔融的焊料长时间与空气接触,会生成锡渣,从而影响焊接质量,使焊点无光泽,所以要定时(一般为 4 小时)清除锡渣;也可在熔融的焊料中加入防氧化剂,不但可防止焊料氧化,还可使锡渣还原成纯锡。

(2) 波峰的高度。焊料波峰的高度最好调节到印制电路板厚度的 1/2~2/3 处,波峰过低会造成漏焊,过高会使焊点堆锡过多,甚至烫坏元器件。

(3) 焊接速度和焊接角度。传送带传送印制电路板的速度应保证印制电路板上每个焊点在焊料波峰中的浸渍有必需的最短时间,以保证焊接质量;同时又不能使焊点浸在焊料波峰里的时间太长,否则会损伤元器件或使印制电路板变形。焊接速度可以调整,一般控制在 0.3~1.2m/min 为宜。印制电路板与焊料波峰的倾角约为 6°。

(4) 焊接温度。焊接温度一般指喷嘴出口处焊料波峰的温度,通常焊接温度控制在 230~260℃,夏天可偏低一些,冬天可偏高一些,并随印制电路板板质的不同可略有差异。

(5) 为保证焊点质量,不允许用机械的方法去刮焊点上的焊剂残渣或污物。

4.2.2 回流焊

回流焊是将适量焊锡膏涂敷在印制电路板的焊盘上,再把表面贴装元器件贴放到相应的位置,由于焊锡膏具有一定黏性,可将元器件固定,然后让贴装好元器件的印制电路板进入回流焊设备。在回流焊设备中，焊锡膏经过干燥、预热、熔化、润湿、冷却，将元器件焊接到印制电路板上。

回流焊的核心环节是利用外部热源加热，使焊料熔化而再次流动浸润，完成印制电路板的焊接过程。

提示： 回流焊接是精密焊接，热应力小，适用于全表面贴装元器件的焊接。

1. 回流焊接机的组成

回流焊炉主要由炉体、上下加热源、PCB 传送装置、空气循环装置、冷却装置、排风装置、温度控制装置以及计算机控制系统组成，如图 4-4 所示。

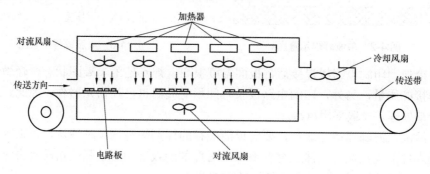

图 4-4　回流焊接机的结构

提示： 单纯的红外加热回流焊，很难使组件上各处的温度都符合规定的曲线要求，而红外/热风混合式，采用强力空气对流的远红外回流焊，热空气在炉内循环，在一定程度上改善了温度场的均匀性。

2. 回流焊的原理

回流焊操作方法简单，效率高、质量好、一致性好，节省焊料(仅在元器件的引脚下有很薄的一层焊料)，是一种适合自动化生产的电子产品装配技术。回流焊工艺目前已经成为表面贴装技术(SMT)的主流。

回流焊的加热过程可以分成预热、焊接(回流)和冷却 3 个最基本的温度区域，主要有两种实现方法：一种是沿着传送系统的运行方向，让印制电路板顺序通过隧道式炉内的各个温度区域；另一种是把印制电路板停放在某一固定位置上，在控制系统的作用下，按照各个温度区域的梯度规律调节、控制温度的变化。

控制与调整回流焊设备内焊接对象在加热过程中的时间—温度参数关系(常简称为焊接温度曲线，主要反映印制电路板组件的受热状态)，是决定回流焊效果与质量的关键。回流焊的理想焊接温度曲线如图 4-5 所示。

典型的温度变化过程通常由 4 个温区组成，分别为预热区、保温区、回流区与冷却区。

预热区：焊接对象从室温逐步加热至 150℃左右的区域，缩小与回流焊的温差，焊膏中的熔剂被挥发。

保温区：温度维持在 150～160℃，焊膏中的活性剂开始发挥作用，去除焊接对象表面的氧化层。

回流区：温度逐步上升，超过焊膏熔点温度 30%～40%(一般 Sn-Pb 焊锡的熔点为 183℃)，峰值温度达到 220～230℃的时间短于 10s，焊膏完全熔化并湿润元器件焊端与焊盘。这个范围一般被称为工艺窗口。

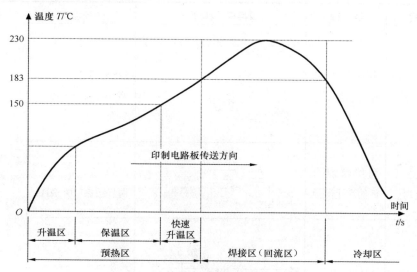

图 4-5　回流焊的理想焊接温度曲线

冷却区：焊接对象迅速降温，形成焊点，完成焊接。

由于元器件的品种、大小与数量不同以及印制电路板尺寸等诸多因素的影响，要获得理想而一致的曲线并不容易，需要反复调整设备各温区的加热器，才能达到最佳温度曲线。

为调整最佳工艺参数而测定焊接温度曲线，是通过温度测试记录仪进行的，这种记录测量仪一般由多个热电偶与记录仪组成，参数送入计算机，用专用软件描绘曲线。

生产线使用的回流焊炉的结构主体是一个热源受控的隧道式炉膛，涂敷了膏状焊料并贴装了元器件的印制电路板随传动机构直线匀速地进入炉膛，顺序通过预热、焊接(回流)和冷却这 3 个基本温度区域。

3. 回流焊接机的种类

常用的回流焊接机有红外线回流焊接机、气相回流焊接机、热传导回流焊接机、激光回流焊接机、热风回流焊接机等。应用最多的是红外线回流焊接机、热风回流焊接机和气相回流焊接机。

图 4-6 所示为大型全热风回流焊接机，图 4-7 所示为智能无铅回流焊接机。

图 4-6　大型全热风回流焊接机　　　　图 4-7　智能无铅回流焊接机

各种回流焊的原理和性能如表 4-1 所示。

表 4-1 回流焊的原理和性能

加热方式		原 理	焊接形式(典型)	焊接温度	备 注
整体加热方式	红外线回流焊	由红外线的辐射加热	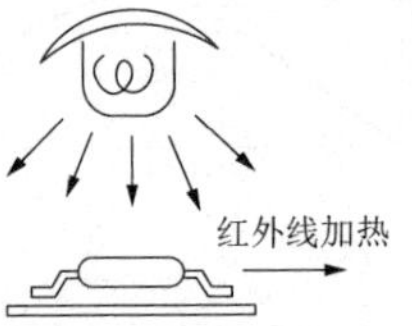	225～235℃ 调节范围：3～10℃	适合于不需要部分加热场合，可大批量生产
	气相回流焊	利用惰性气体的汽化潜热	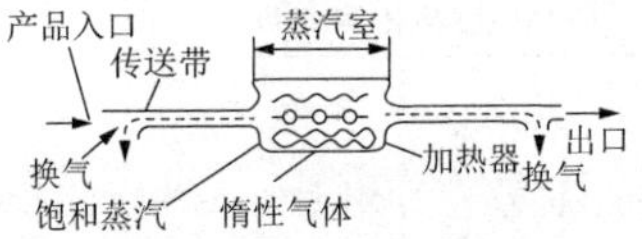	215℃ 调节范围：10～30℃	
	热板回流焊	利用芯板的热传导加热	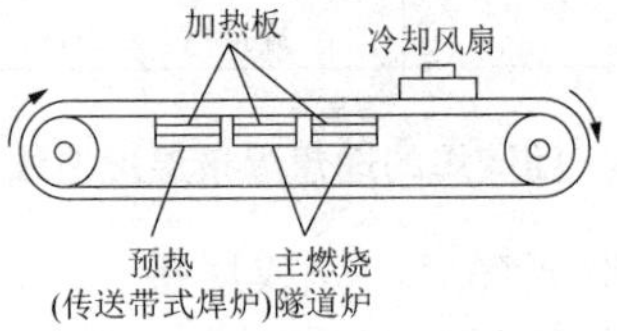	215～235℃ 调节范围：3～10℃	
局部加热方式	专用加热工具	利用热传导进行焊接	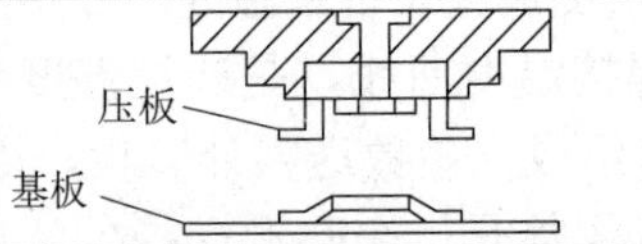	100～260℃ 调节范围：5～10℃ 加压：78.5～274.6N	焊接时对其他元件不产生热应力，损坏性小
	激光束	利用激光进行焊接(CO_2与YAG激光)		—	
	红外光束	红外线高温光点焊接	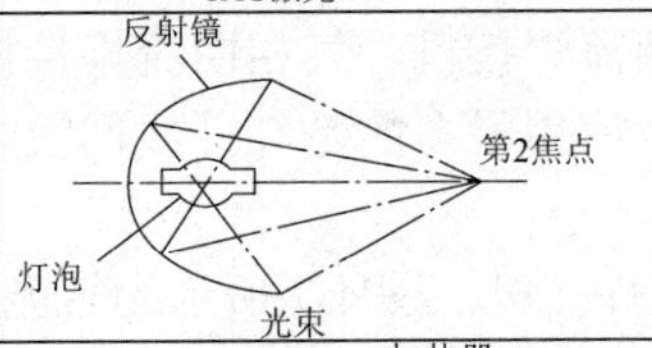	同激光焊接相比较，成本低	
	热气流	通过热气喷嘴加热焊接	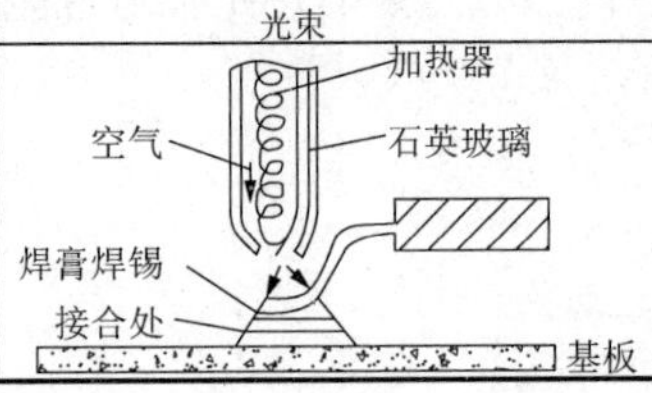	230～260℃ 调节范围：3～10℃	

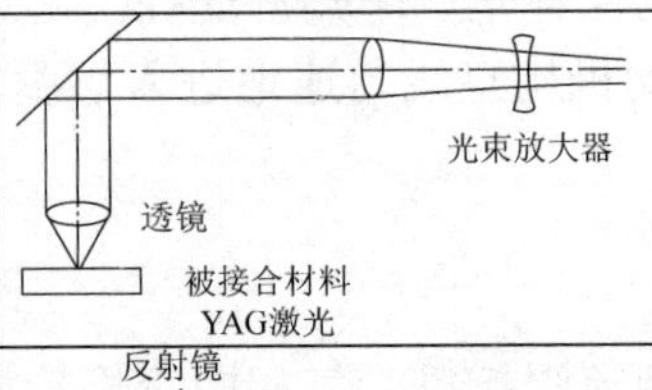

4. 回流焊的工艺

回流焊的一般工艺流程可用图 4-8 表示。

在这个流程中，印刷焊膏、贴装元器件、回流焊是最重要的工艺过程。

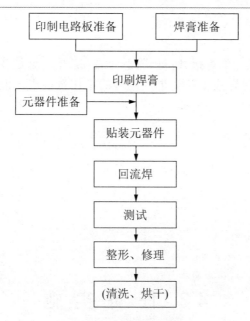

图 4-8 回流焊工艺流程

其中,印刷焊膏要使用焊膏印刷机,焊膏印刷机有自动印刷机和手动印刷机两种,目前都在使用;贴装元器件是将元器件贴装在印刷有焊膏的印制电路板上,贴装要求高精度,否则元器件贴不到位,就会形成错焊,因此在生产线上大都采用自动贴片机;回流焊的主要设备是回流焊接机,回流焊接机通过对印制电路板进行符合要求的加热,使焊膏熔化,将元器件焊接在印制电路板上。

回流焊的工艺要求有以下几点。

(1) 要设置合理的温度曲线。如果温度曲线设置不当,会引起焊接不完全、虚焊、元器件翘立("竖碑"现象)、锡珠飞溅等焊接缺陷,影响产品质量。

(2) SMT 电路板在设计时就要确定焊接方向,并应当按照设计方向进行焊接。一般应该保证主要元器件的长轴方向与印制电路板的运行方向垂直。

(3) 在焊接过程中,要严格防止传送带振动。

(4) 必须对第一块印制电路板的焊接效果进行判断,检查焊接是否完全、有无焊膏熔化不充分或虚焊和桥接的痕迹、焊点表面是否光亮、焊点形状是否向内凹陷、是否有锡珠飞溅和残留物等现象,还要检查印制电路板的表面颜色是否改变。只有在第一块印制电路板完全合格后,才能进行批量生产。在批量生产过程中,要定时检查焊接质量,及时对温度曲线进行修正。

5. 回流焊的特点

与波峰焊技术相比,回流焊中元器件不直接浸渍在熔融的焊料中,所以元器件受到的热冲击小;能在前一道工序里控制焊料的施加量,减少了虚焊、桥接等焊接缺陷,所以焊接质量好,焊点的一致性好,可靠性高。

回流焊还具有一定的自动位置校正功能。如果前一道工序在印制电路板上施放焊料的位置正确而贴放元器件的位置有一定偏离,在回流焊过程中,当元器件的全部焊端、引脚及其相应的焊盘同时浸润时,由于熔融焊料表面张力的作用,能够把元器件拉回到近似准确的位置。

回流焊的焊料是商品化的焊锡膏,一般不会混入杂质,这是波峰焊接难以做到的。

因此总的说来,回流焊接工艺简单,返修的工作量很小,但由于回流焊的精度要求高,回流焊接设备一般是比较昂贵的。

4.2.3 焊接技术的发展

现代电子焊接技术有以下几个主要特点。

(1) 焊件微型化。
(2) 焊接方法多样化。
(3) 设计生产计算机化。
(4) 生产过程绿色化。

4.3 任务实施

4.3.1 波峰焊接训练

1. 波峰焊开机操作注意事项

(1) 设定开机时间和锡炉焊接参数。
(2) 设定和开取锡炉预热温度。
(3) 开机前检查设备电源气压是否正常。
(4) 检查气压和锡炉温度是否达到设定值。
(5) 检查传送带是否正常运转,传动部位有无异物。
(6) 检查助焊剂存量是否足够喷雾,喷嘴喷雾是否正常。

2. 波峰焊接流程

(1) 炉前检验。
(2) 喷涂助焊剂。
(3) 预加热。
(4) 波峰焊锡。
(5) 冷却。
(6) 板底检查。

3. 波峰焊工艺参数调节

(1) 波峰高度调节:其数值通常控制在 PCB 厚度的 1/2～1/3。
(2) 传送倾角调节:波峰焊接角度控制在 5°～7°。
(3) 焊料纯度的控制:去除焊料中的杂质。
(4) 带速、预热时间、焊接时间之间的互调。

4. 焊接质量不良分析

(1) 元器件引脚头出现拉尖。
(2) 焊点上有气孔。
(3) 桥接。
(4) 抗焊现象。
(5) 焊料过量。
(6) 焊料过少。
(7) 冷焊。
(8) 不对称。

5. 波峰焊故障原因分析及解决对策

(1) 喷雾系统异常。查看气压是否正常，检查各光电开关是否损坏；检查喷嘴是否完好，气管有无破裂或阻塞。
(2) 传送部位异常。传动部位润滑是否良好；传送链条槽内有无异物；传送轨道三点调节是否平行；轨道宽度与 PCB 宽度是否相符。
(3) 预热温度异常。检查预热温控参数是否正确和加热管有无损坏；检查线路和固态继电器是否正常。

6. 波峰焊日常保养和维护

(1) 定期检查加热管电压是否正常。
(2) 注意温控表的指示，以保护温控和加热部件。
(3) 经常测量 PCB 基板底部的温度，以保持最佳的焊锡效果。
(4) 检查高温区域的电线是否老化，以防电流中断。

4.3.2 回流焊接训练

1. 设备开机前检查

(1) 检查电源是否正常。
(2) 检查电脑连线。
(3) 检查急停是否复位。
(4) 检查控制电源双连开关是否闭合。
(5) 机壳周边是否有异物。
(6) 注油器内是否有油。

2. 开机操作步骤

(1) 打开电源空开。
(2) 打开控制电源空开。
(3) 打开面板电源开关。
(4) 打开电脑主机电源，进入控制软件主画面。

(5) 在主控面板上选择手动模式。
(6) 打开设定运行参数:加热、风机、运输。
(7) 调整运行参数。
(8) 待恒温。
(9) 调节导轨宽度。
(10) 检查回流焊机控制 PC 所显示的各温区的温度是否达到预定温度。
(11) 试焊样板。
(12) 检查焊接质量。

4.4 任务检查

任务检查单如表 4-2 所示。

表 4-2 检查单

学习情境二		串联型直流稳压电源的组装与调试			
任务 4	自动焊接技术		学时		
序号	检查项目	检查标准	自查	互查	教师检查
1	训练问题	回答得认真、准确			
2	自动焊接设备	了解自动焊接设备的使用方法及注意事项			
3	波峰焊	明确操作流程、操作规范,能分析焊接质量缺陷产生的原因			
4	回流焊	明确操作流程、操作规范,焊接质量符合工艺要求			
5	焊接质量检查	焊点光滑美观、无虚焊、漏焊、桥接、针孔、气泡等			
6	仪器工具的使用情况	使用方法正确,仪器工具选择合理			
7	规范、安全操作	是否安全操作,是否符合 6S 标准			
检查评价	班级		第 组	组长签字	
	教师签字		日期		
	评语:				

任务 5 串联型可调式直流稳压电源的组装与调试

5.1 任务描述

5.1.1 任务目标

(1) 了解串联型直流稳压电源的组成及工作原理。
(2) 掌握元器件引线成形的方法。
(3) 掌握电路板的组装技术。

(4) 培养学生学习电子的兴趣,提高学生的专业能力。

5.1.2 任务说明

组装一台串联型可调式直流稳压电源。要求稳压电源的供电电源电压为交流 220V,直流输出电压为 12V,并且直流输出电压连续可调。通过本任务的学习,使学生初步掌握基本的电路组装技术。具体任务要求如下。

(1) 会正确使用各种装配工具。
(2) 会识别、筛选和检测电路元器件。
(3) 会安装串联型直流稳压电源。
(4) 会调试串联型直流稳压电源。

5.2 任务资讯

5.2.1 串联型直流稳压电源的组成

1. 串联型直流稳压电源系统框图

图 5-1 所示为把正弦交流电转换成直流电的直流稳压电源的原理框图,它一般由 4 部分组成:变压、整流、滤波、稳压。

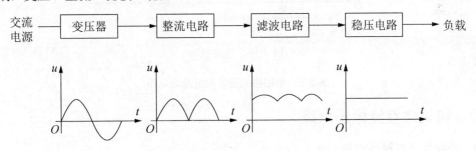

图 5-1 串联型直流稳压电源系统框图

2. 串联型直流稳压电源各部分的作用

(1) 变压器:将正弦工频交流电源电压变换为符合用电设备所需要的正弦工频交流电压。
(2) 整流电路:利用具有单向导电性能的整流元件,将正负交替变化的正弦交流电压变换成单方向的脉动直流电压。
(3) 滤波电路:尽可能地将单向脉动直流电压中的脉动部分(交流分量)减小,使输出电压成为比较平滑的直流电压。
(4) 稳压电路:采用某些措施,使输出的直流电压在电源发生波动或负载变化时保持稳定。

5.2.2 单相桥式整流电容滤波电路

小型电子直流稳压电源系统常采用单相桥式整流电容滤波电路,如图 5-2(a)所示,其工作电压波形如图 5-2(b)所示。

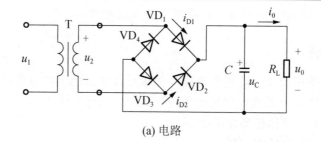

(a) 电路

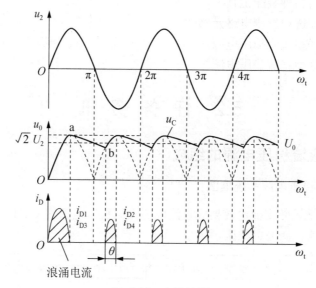

(b) 电压、电流波形

图 5-2 单相桥式整流电容滤波电路

5.2.3 可调式直流稳压电路

1. 串联反馈式稳压电路

串联反馈式稳压电路的组成框图如图 5-3(a)所示,包括取样、基准、比较放大、调整 4 个环节。它的原理电路图如图 5-3(b)所示,其中各主要元器件的作用如下。

(1) VT 为调整管,它工作在线性放大区,故又称为线性稳压电路。

(2) R_3 和稳压管 VZ 组成基准电压源,为集成运放 A 的同相输入端提供基准电压。

(3) R_1、R_2 和 R_p 组成取样电路,它将稳压电路的输出电压分压后送到集成运放 A 的反相输入端。

(4) 集成运放 A 构成比较放大电路,用来对取样电压与基准电压的差值进行放大。

图 5-3 所示串联反馈式稳压电路的输出电压可调,其调节范围为

$$U_{Omin} = \frac{R_1 + R_2 + R_p}{R_2 + R_p} U_Z$$

$$U_{Omax} = \frac{R_1 + R_2 + R_p}{R_2} U_Z$$

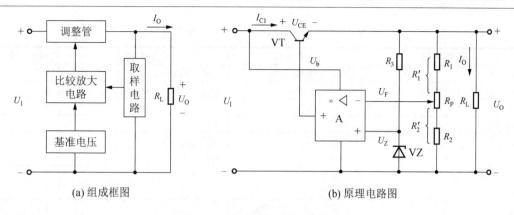

(a) 组成框图   (b) 原理电路图

图 5-3 串联反馈式稳压电路

2. 可调式三端集成稳压电路

在如图 5-4 所示可调式三端集成稳压电路原理图中，主要使用了一个三端稳压器件 LM317T，功能主要是稳定电压信号，以便提高系统的稳定性能和可靠性能。LM317T 的工作特点：由 Vin 端提供工作电压后，它便可以保持其+Vout 端(2 脚)比其 ADJ 端(1 脚)的电压高 1.25V。因此，只需要用极小的电流来调整 ADJ 端的电压，便可在+Vout 端得到比较大的电流输出，并且电压比 ADJ 端高出恒定的 1.25V。还可以通过调整 ADJ 端(1 端)的电阻值改变输出电压(LM317T 会保证接入 ADJ 端和+Vout 端的那部分电阻上的电压为 1.25V)。所以，当 ADJ 端(1 端)的电阻值增大时，输出电压将会升高。

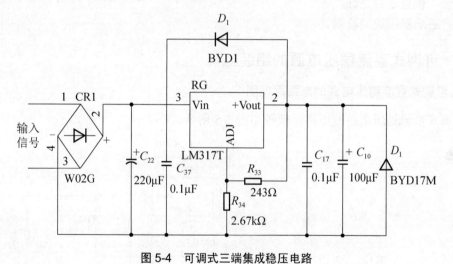

图 5-4 可调式三端集成稳压电路

5.3 任务实施

5.3.1 稳压电源元器件识别与检测

1. 元器件的清点

可调式直流稳压电源的元器件清单如表 5-1 所示。

表 5-1 可调式直流稳压电源的元器件清单

元件序列	元件名称	元件参数值	数量
Ji	降压变压器	220～12V	1
D1 D2 D3 D4 D5 D6	二极管 1N4001	U_{RM}=50V，I_F=1A	6
D7	发光二极管		1
FUSH	熔断丝	1A	1
C1	电解电容	4700μF/25V	2
C2	电解电容	0.1μF	1
C3	电解电容	1μF/25V	1
C4	电解电容	10μF/25V	1
SW	开关		1
R3	电阻	1kΩ	1
R4	电阻	560Ω	1
R1	电阻	420Ω	1
R2	电阻	1kΩ	1
U	三稳压器	可调范围 1.2～37V	1

2. 元器件的检测

(1) 电阻器的检测：分别测量 R1、R2、R3 和电位器 RP1、RP2，检查是否完好。

(2) 电容器的检测：分别检测 C1、C2、C3、C4 是否完好。

(3) 二极管的检测：分别用万用表检测普通二极管 D1、D2、D3、D4、D5、D6，发光二极管，检查是否完好。

(4) 三端稳压块的检测。

5.3.2 可调式直流稳压电源的组装

1. 可调式直流稳压电源的电路原理图

可调式直流稳压电源的电路原理图如图 5-5 所示。

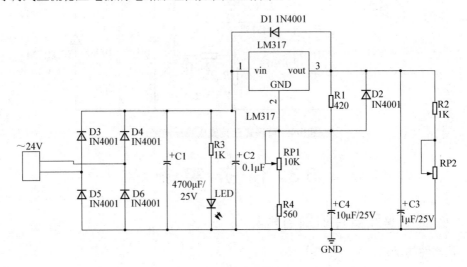

图 5-5 可调式直流稳压电源的电路原理图

2. 可调式直流稳压电源的 PCB 图

可调式直流稳压电源的 PCB 图如图 5-6 所示。

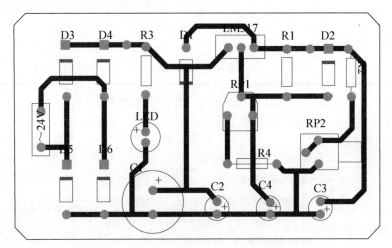

图 5-6　可调式直流稳压电源的 PCB 图

3. 可调式直流稳压电源的组装

(1) 元器件的整形。

(2) 元器件的插装。

(3) 手工焊接。

(4) 引脚处理。

(5) 检查(有无开路、短路、桥接等)。

5.3.3　可调式直流稳压电源的检测与调试

1. 装联正确性检查

装联正确性检查，又称电路检查，其目的是检查电气连接是否符合电路要求，导电性能是否良好。

(1) 通常可用万用表 R×100Ω 挡对各检查点进行检查。

(2) 对照电路图进行检查。

2. 电路调试

输入电源：单相(AC)，220V±10%，50Hz。测试：

(1) 输出电压(DC)是否连续可调、可调范围是多少？

(2) 输出电流。

(3) 负载效应。

(4) 输出纹波噪声电压。

5.4 任务检查

任务检查单如表 5-2 所示。

表 5-2 检查单

学习情境二	串联型直流稳压电源的组装与调试				
任务 5	串联型直流稳压电源的组装与调试		学时		
序号	检查项目	检查标准	自查	互查	教师检查
1	训练问题	回答得认真、准确			
2	电子工程图的识读	明确串联型直流稳压电源的工作原理;正确理解原理图、PCB 图、装配图			
3	元器件的选择与检测	合理选择电子元器件;对已选元器件进行正确检测			
4	电路组装	明确组装流程,操作规范,组装符合工艺要求			
5	电路调试	电路工作正常,输出电压符合设计要求			
6	仪器工具的使用情况	使用方法正确,仪器工具选择合理			
7	规范、安全操作	是否安全操作,是否符合 6S 标准			
检查评价	班级		第 组	组长签字	
	教师签字		日期		
	评语:				

学习情境二 成果评价

成果评价单如表 5-3 所示。

表 5-3 评价单

学习领域		电子产品的组装与调试			
学习情境二		串联型直流稳压电源的组装与调试		学时	
评价类别	项 目	子项目	学生自评	学生互评	教师评价
专业能力 (70%)	资讯(10%)	搜集信息			
		引导问题回答			
	计划(10%)	计划可执行度			
		材料工具安排			
	实施(20%)	元器件的检测			
		元器件的安装			
		串联型直流稳压电源的调试			

续表

评价类别	项目	子项目	学生自评	学生互评	教师评价
专业能力(70%)	检查(10%)	全面性、准确性			
		故障的排除			
	过程(10%)	操作过程规范性			
		操作过程安全性			
		工具和仪表使用管理			
	结果(10%)	串联型直流稳压电源的功能质量			
社会能力(20%)	团结协作(10%)	小组成员合作状况			
		对小组的贡献			
	敬业精神(10%)	学习纪律性、独立工作能力			
		爱岗敬业、吃苦耐劳精神			
方法能力(10%)	决策能力(5%)				
	计划能力(5%)				
评价	班级		姓名		学号		总评	
	教师签字		第　　组		组长签字		日期	
	评语:							

小　　结

(1) 手工焊接技术。掌握正确的手工焊接方法并养成良好的操作习惯。使用电烙铁的目的是为了加热被焊件而进行锡焊，绝不能烫伤、损坏导线和元器件。

(2) 自动焊接技术。波峰焊是将熔融的液态焊料，借助机械或电磁泵的作用，在焊料槽液面形成特定形状的焊料波峰，将插装了元器件的印制电路板置于传送链上，以某一特定的角度、一定的浸入深度和一定的速度穿过焊料波峰而实现逐点焊接的过程。波峰焊适用于大批量生产。

(3) 串联型可调式直流稳压电源的组装与调试。把正弦交流电转换成直流电的直流稳压电源的原理框图，它一般由4部分组成：变压、整流、滤波、稳压。

思考练习二

1. 电烙铁有哪几种形式?
2. 什么是五步焊接法?
3. 手工焊接有哪些要求?
4. 焊接中为什么要用助焊剂?

5. 导线焊接要注意些什么？
6. 写出几种拆焊方法，并用针孔拆焊法和吸锡器法试着做一下。
7. 元器件引线成形有哪些技术要求？
8. 波峰焊机由哪些部分组成？波峰焊机焊接工艺流程是怎样的？
9. 简述再流焊接机的种类和工作原理。
10. 直流稳压电源由哪几部分组成？各部分的作用是什么？

学习情境三 集成电路扩音机的组装与调试

学习情境三实施概述

教学方法	教学资源、工具、设备
任务驱动教学法、引导文法、案例教学法	① 双踪示波器、函数信号发生器、万用表、晶体管毫伏表； ② 多媒体； ③ 常用电工工具； ④ 教学网站
教学实施步骤	
工作过程	工作任务	教学组织
---	---	---
资讯	① 学生情况：掌握集成电路扩音机的基本工作原理及应用；掌握电子工程图的识读方法；掌握 PCB 的设计与制作方法； ② 任务分析：教师通过引导文法介绍电子工程图的识读和 PCB 的设计与制作方法，用演示法指导 PCB 的电路制作； ③ 以案例教学法把学生带入情境之中	① 教师分组布置学习任务、提出任务要求； ② 建议采用引导法、演示法、案例法进行教学。每个小组独立检索与本工作任务相关的资讯
计划	在完成"任务资讯"部分学习后，分析自己现有的知识与技能，衡量自己是否具有完成本任务的条件。如果具备，根据学习情境三的要求制订实施计划，具体要求如下： ① 根据对集成电路扩音机的组装与调试工作任务的分析及领会，制订工作计划； ② 确定小组成员分工； ③ 明确阶段成果及检查的项目	学生在教师的指导下集思广益，各抒己见，制订多种工作计划
决策	对已制订的多个计划： ① 分析实施可操作性； ② 分析工作条件的安全性； ③ 确定 PCB 的设计方法； ④ 确定 PCB 的制作方法； ⑤ 确定产品的调试方法	学生在教师的指导下，在已制订的多个计划中，选出最切实可行的计划，决定实施方案
实施	① 教师将已装好的集成电路扩音机用案例教学法讲解、分析电路原理； ② 教师介绍 PCB 的设计与制作方法； ③ 学生进行 PCB 的设计与制作训练； ④ 教师以案例法明确 PCB 的设计与制作时的注意事项； ⑤ 在"教学做"一体化模式中，学生进行集成电路扩音机的设计、制作与调试工作	① 学生填写材料、工具清单； ② 学生在教师的指导下完成集成电路扩音机 PCB 的设计与制作； ③ 学生在教师的指导下完成集成电路扩音机的组装与调试
检查	实施完毕，对成果先进行小组自查，然后小组之间互查，最后教师检查，提出整改意见，检查学生的自主学习能力	小组自查→小组之间互查→教师检查
评价	实施完毕，对成果进行评价，包括小组自评、小组互评、教师点评，并给出本学习情境的成绩	小组自评→小组互评→教师总结评价结果
教学反馈	通过本学习情境的学习，学生能否掌握知识点和技能点；运用"教学做"一体化模式，学生能否学会集成电路扩音机的组装与调试等	通过教学反馈，使教师了解学生对本学习情境工作任务的掌握情况，为教师教学、教研教改提供依据

任务 6 电子工程图的识读

6.1 任 务 描 述

6.1.1 任务目标

(1) 了解电子工程图的分类及作用。
(2) 掌握不同电子工程图的识读方法。
(3) 增强学生的实际分析能力。

6.1.2 任务说明

在设计与制作 PCB 之前,应先掌握电子工程图的分类与识读。具体任务要求如下。
(1) 会正确识读电气原理图、框图、逻辑图。
(2) 会正确识读实物装配图、PCB 装配图、布线图、面板图和底板图。
(3) 会正确标注电子工程图中的元器件。
(4) 能根据电子工程图估算指标、分析电路功能。

6.2 任 务 资 讯

6.2.1 电子工程图分类

电子工程图分类如表 6-1 所示。

表 6-1 电子工程图分类

原理图	功能	框图
		原理图
	电气原理图	
	逻辑图	
	说明书	
	明细	元器件材料表
		整件汇总表
工艺图	PCB 图	
	装配图	PCB 装配图
		实物装配图
		安装工艺图
	布线图	接线图
		接线表
	机壳底板图	
	版面图	机械加工图
		制版图

6.2.2 电子工程图的特点

1. 原理图

1) 电气原理图

电气原理图是详细说明产品各元器件、各单元之间的工作原理及其相互间连接关系的略图,是设计、编制接线图和研制产品时的原始资料。

图 6-1 所示是六管超外差式收音机的电气原理图。

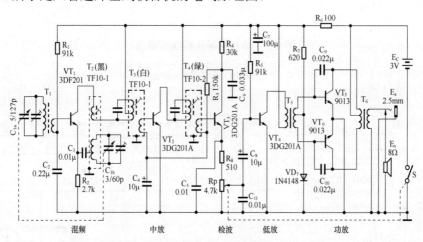

图 6-1 六管超外差式收音机的电气原理图

2) 框图

框图是用一个个方框表示电子产品的各个部件或功能模块,用连线表示它们之间的连接,进而说明其组成结构和工作原理。框图是原理图的简化示意图。

图 6-2 所示是普通超外差式收音机的框图。

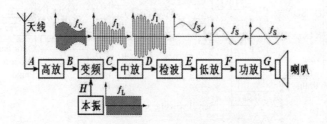

图 6-2 普通超外差式收音机的框图

3) 逻辑图

逻辑图采用逻辑符号来表示电路的工作原理,不必考虑器件的内部电路。图 6-3 所示为单片机最小系统逻辑图。

4) 各种原理图的灵活运用

图 6-4 所示的光电鼠标电路图是各种电路原理图的灵活运用。

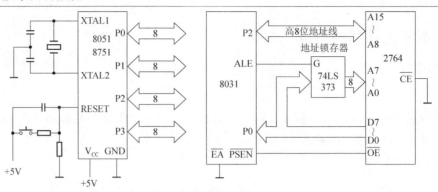

图 6-3　单片机最小系统逻辑图

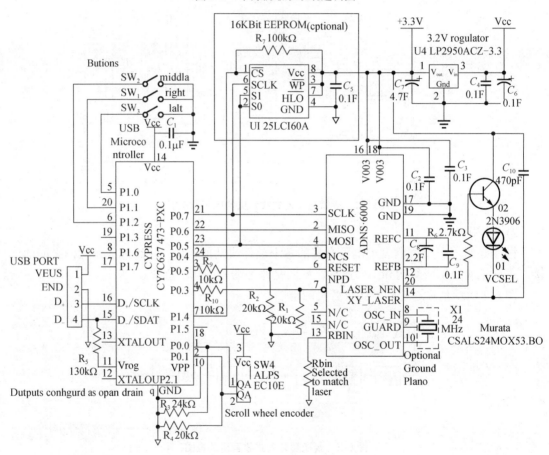

图 6-4　光电鼠标电路图

2. 工艺图

工艺图是指导操作者生产、加工、操作的依据。

(1) 实物装配图：以实物器件的形状及相对位置为基础，画出产品的实物装配关系，如图 6-5 所示。

(2) PCB 装配图：PCB 装配图是用于指导操作人员装配焊接 PCB 的工艺图。PCB 装配图分为两类：画出印制导线的 PCB 装配图如图 6-6 所示，不画出印制导线的 PCB 装配图如图 6-7 所示。

(3) 布线图(见图 6-8)：布线图是用来表示各零部件之间相互连接情况的工艺接线图，是整机装配时的主要依据。

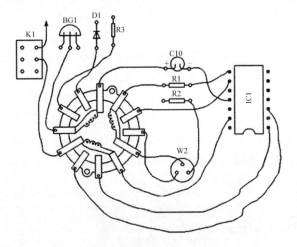

图 6-5　实物装配图　　　　　　图 6-6　PCB 装配图(画出印制导线)

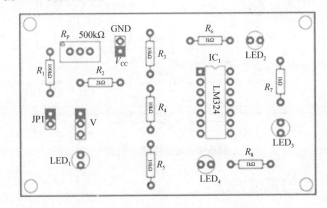

图 6-7　PCB 装配图(不画出印制导线)

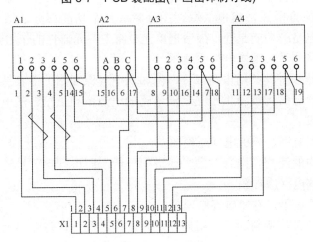

图 6-8　布线图示例

(4) 机壳底板图。
(5) 面板图。

6.2.3　电子工程图中的元器件标注

电子工程图中的元器件标注原则如下。

(1) 图形符号和文字符号共同使用时,尽可能准确、简洁地提供元器件的主要信息。

(2) 尽量减少文字标注的字符串长度,使图纸上的文字标注既清晰明确,又只占用小的面积。

(3) 标注中取消小数点,小数点的位置上用一个字母代替,并且数字后面一般不写单位,字符串的长度不超过四位。

(4) 一般省略基本单位,采用实用单位或辅助单位。

电子工程图中的元器件标注图例如图 6-9 所示。

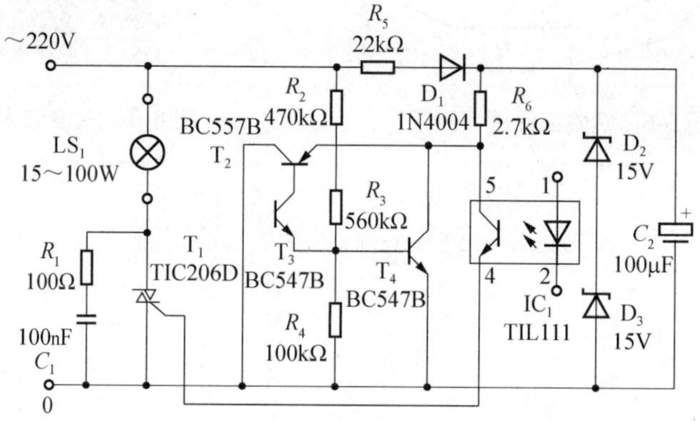

图 6-9　元器件标注图例

6.2.4　电子工程图的识读方法

1) 从功能方框图着手,理解电气原理图

根据产品的功能方框图,将电气原理图分解成几个功能部分,结合信号走向,去理解、读懂局部单元电路的功能原理,最后把单元电路中各元器件的作用弄明白。

2) 从共用电路着手,读懂电气原理图

每种产品中必然都有其共用电路部分,例如从电气原理图上很容易找到共用的电源电路,由于电子产品设计时习惯将供给某功能电路的电源单独供给,从电源的走向即可帮助确定功能电路的组成。

3) 从信号流程着手,分析电气原理图

从信号在电路中的流程,结合对信号通道的分析,即可判定信号经各级电路后的变化情况,从而加深理解电气原理图。

4) 从特殊元件着手,看懂电气原理图

各种电子产品都有其特别的、专用的电子元器件,找到这些专用元器件就能大致判定电路的功能和作用。

6.3 任务实施

6.3.1 集成电路扩音机电子工程图的识读

(1) 根据参考电气原理图，画出框图。

集成电路扩音机参考电气原理图如图 6-10 所示。

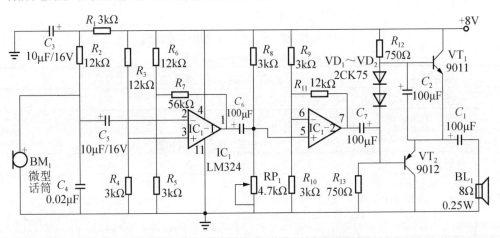

图 6-10 集成电路扩音机参考电气原理图

其核心元件是 IC1 四运放集成电路 LM324，扩音机的放大电路使用其中两个运算放大器。微型话筒 BM_1 采用灵敏度很高的微型驻极体发话器，其型号为 84G9，焊接时应注意正负极性。两级运放 IC_{1-1}、IC_{1-2} 及外围元件构成固定偏置的负反馈放大器。R_7、R_{11} 为负反馈电阻，用来改善电路的稳定性。电位器 RP_1 用于工作点的微调，使波形上下对称，可减小非线性失真。IC1-2 输出的音频信号经三极管 VT_1、VT_2 组成的互补射随功率放大电路放大后，推动扬声器 BL_1 发出响亮的声音。电阻 R_1、电容 C_3 组成退耦滤波电路，用来减小电源交流声。

(2) 分析各单元电路之间的关系。
(3) 分析各单元电路的原理和作用。
(4) 阐述整个电路的工作原理及其功能。

6.3.2 集成电路扩音机电子工程图的设计

(1) 根据实际要求，参照电气原理图，画出集成电路扩音机电气原理图。
(2) 估算电路指标。
(3) 进行电子元器件的标注。

6.4 任务检查

任务检查单如表 6-2 所示。

表 6-2 检查单

学习情境三		集成电路扩音机的组装与调试				
任务 6		电子工程图的识读		学时		
序号	检查项目	检查标准		自查	互查	教师检查
1	训练问题	回答得认真、准确				
2	原理图的识读	说明电路的结构组成、电路功能；说明各单元电路的工作原理				
3	工艺图的识读	分清实物装配图、PCB 装配图、布线图、面板图、底板图，并明确其关系				
4	元器件标注	元器件标注规范；明确各标注的含义				
5	仪器工具的使用情况	使用方法正确，仪器工具选择合理				
6	规范、安全操作	是否安全操作，是否符合 6S 标准				
检查评价	班级		第 组	组长签字		
	教师签字		日期			
	评语：					

任务 7　PCB 的设计与制作

7.1　任　务　描　述

7.1.1　任务目标

(1) 学会 PCB 的电路设计。
(2) 掌握 PCB 的手工制作方法。
(3) 学习 PCB 的工业制作方法，初步掌握双面 PCB 的制作方法。
(4) 培养学生良好的职业素养。

7.1.2　任务说明

要完成 PCB 的设计与制作任务，应具备以下知识点和技能点。
(1) PCB 的设计方法、元器件的布局原则。
(2) PCB 的手工制作流程。
(3) PCB 在企业制造的基本工序。
(4) 利用计算机进行电路设计。

7.2 任务资讯

7.2.1 PCB 的设计

印制电路板(Printed Circuit Board，PCB)主要是由绝缘基板、连接导线以及焊装电子元器件的焊盘组成。

1. PCB 的主要作用

(1) 提供各种元器件固定、装配的机械支撑。

(2) 实现板内各种元器件之间的布线和电气连接或电绝缘，提供所要求的电气特性及特性阻抗等。

(3) 为印制板内和板外的元器件连接提供特定的连接方法。

(4) 为元器件插装、检查、维修提供识别字符。

(5) 为自动锡焊提供阻焊图形。

2. PCB 的特点

使用印制电路板制造的产品具有可靠性高、一致性、稳定性好，机械强度高、耐振、耐冲击，体积小、重量轻，便于标准化，便于维修以及用铜量小等优点。其缺点是制造工艺较复杂，单件或小批量生产不经济。

印制电路板按其结构可分为如下 4 种。

1) 单面印制电路板

单面印制电路板通常是用酚醛纸基单面覆铜板，通过印制和腐蚀的方法，在绝缘基板覆铜箔一面制成印制导线。它适用于对电性能要求不高的收音机、收录机、电视机、仪器和仪表等。单面印制电路板如图 7-1 所示。

2) 双面印制电路板

双面印制电路板是在两面都有印制导线的印制电路板。通常采用环氧树脂玻璃布铜箔板或环氧酚醛玻璃布铜箔板。由于两面都有印制导线，一般采用金属化孔连接两面印制导线。其布线密度比单面板更高，使用更为方便。它适用于对电性能要求较高的通信设备、计算机、仪器和仪表等。双面印制电路板如图 7-2 所示。

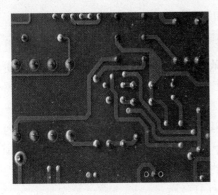

图 7-1 单面印制电路板

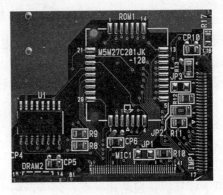

图 7-2 双面印制电路板

3) 多层印制电路板

多层印制电路板是在绝缘基板上制成三层以上印制导线的印制电路板，如图 7-3 所示。它由几层较薄的单面或双面印制电路板(每层厚度在 0.4mm 以下)叠合压制而成。为了将夹在绝缘基板中的印制导线引出，多层印制电路板上安装元器件的孔需经金属化处理，使之与夹在绝缘基板中的印制导线沟通。目前，广泛使用的有四层、六层和八层，更多层的也有使用。

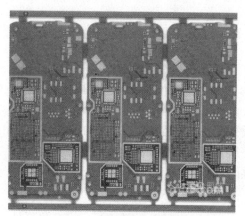

(a) 多层印制电路板示意图

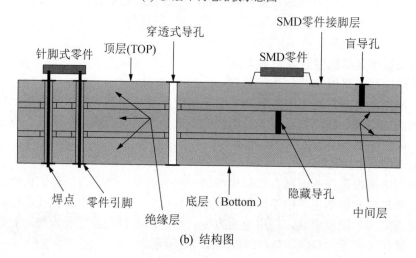

(b) 结构图

图 7-3　多层印制电路板

多层印制电路板的主要特点：与集成电路配合使用，有利于整机小型化及重量的减轻；接线短、直，布线密度高；由于增设了屏蔽层，可以减小电路的信号失真；引入了接地散热层，可以减少局部过热，提高整机的稳定性。

4) 软性印制电路板

软性印制电路板也称柔性印制电路板，是以软层状塑料或其他软质绝缘材料为基材制成的印制电路板，如图 7-4 所示。它可以分为单面、双面和多层 3 大类。这类印制电路板除了重量轻、体积小、可靠性高以外，最突出的特点是能折叠、弯曲、卷绕。软性印制电路板在电子计算机、自动化仪表、通信设备中应用广泛。

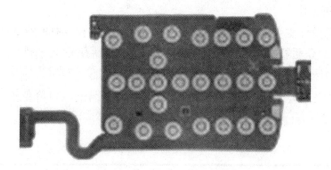

图 7-4 软性印制电路板

3. 覆铜板的种类及选用

1) 覆铜板的种类

覆以铜箔的绝缘层压板称为覆铜箔层压板,简称覆铜板。它是用腐蚀铜箔法制作电路板的主要材料。

覆铜板主要由 3 个部分构成:①基板;②铜箔,厚度 18～105μm(常用 35～50μm);③黏合剂(树脂)。

覆铜板的种类很多,按基材的品种可分为纸基板和玻璃布板;按黏结树脂可分为酚醛、环氧酚醛、聚四氟乙烯等。

① 酚醛纸基覆铜板:它是用浸渍过酚醛树脂的绝缘纸或纤维板作为基板,两面加无碱玻璃布,并在一面或两面覆以电解紫铜箔,经热压而成的板状制品。这类层压板价格低廉,但机械强度低,易吸水,耐高温性能差(一般不超过 100℃)。

TFE—62、TFE—63 是两种覆铜箔酚醛纸基层压板。其中,前者采用绝缘渍纸做原料,后者采用棉纤维做原料。酚醛纸基覆铜不宜用于频率较高的场合,通常仅适用于在工作频率不太高的低频电子电路中。

② 环氧酚醛玻璃布覆铜板:这是用浸渍过环氧树脂的无碱玻璃布板作为基板,一面或两面覆以电解紫铜箔经热压而成的层压制品,这类层压板的电气和机械性能良好,加工方便,可用于恶劣环境和超高频电路中。

③ 环氧玻璃布覆铜板:这类层压板由浸渍双氰胺固化剂的环氧树脂的玻璃布板作为基板,一面或两面覆以电解紫铜箔经热压而成。这类层板基材的透明度良好,与环氧酚醛覆铜板相比,具有较好的机械加工性能,防潮性良好,工作温度较高。

④ 聚四氟乙烯玻璃布覆铜板:这是以无碱玻璃布浸渍聚四氟乙烯分散乳液为基材,覆以经氧化处理的电解紫铜箔,经热压而成的层压板,是一种耐高温和高绝缘的新型材料,具有较宽的耐温范围(-23℃～260℃),在 200℃下可长期工作,在 300℃下间断工作。它主要用在高频和超高频电路中。

由于聚四氟乙稀有剧毒,故不宜采用手工焊接。

2) 覆铜板的选用

覆铜板的性能指标主要有抗剥强度、耐浸焊性(耐热性)、翘曲度(又叫弯曲度)、电气性能(工作频率范围、介质损耗、绝缘电阻和耐压强度)及耐化学熔剂性能。覆铜板的选用主要是根据产品的技术要求、工作环境和工作频率，同时兼顾经济性来决定的。在保证产品质量的前提下，优先考虑经济效益，选用价格低廉的覆铜板，以降低产品成本。常见覆铜板的种类及特性如表 7-1 所示。

表 7-1 常见覆铜板的种类及特性

名　称	标称厚度/mm	铜箔厚度/μm	特　点	应　用
酚醛纸质覆铜板	1.0，1.5，2.0，2.5，3.0，3.2，6.4	50～70	价格低，阻燃强度低，易吸水，耐高湿性能差	中低档民用产品，如收音机、录音机
环氧纸质覆铜板	同上	35～70	价格高于酚醛纸板，机械强度、耐高湿和潮湿性较好	工作环境好的仪器、仪表及中档以上民用电器
环氧玻璃布覆铜板	0.2，0.3，0.5，1.0，1.5，2.0，3.0，5.0，6.4	35～50	价格较高，性能优于环氧、酚醛纸覆铜板	工业、军用设备、计算机等高档电器
聚四氟乙烯覆铜板	0.25，0.3，0.5，0.8，1.0，1.5，2.0	35～50	价格高，介电常数低，介质损耗低，耐高温，耐腐蚀	微波、高频、电器、导弹、雷达等
聚酰亚胺覆铜板	0.2，0.5，0.8，1.2，1.6，2.0	35	重量轻	民用、工业电器、计算机、仪器仪表等

7.2.2 PCB 的手工制作

1. 漆图法

漆图法的主要步骤如下。

① 下料。

② 拓图。

③ 打孔。

④ 调漆。

⑤ 描漆图。按照拓好的图形，用漆描好焊盘及导线。应先描焊盘，要用比焊盘外径稍细的硬导线或木棍蘸漆点画，注意与钻好的孔同心，大小尽量均匀，如图 7-5 所示。

印制导线宽度应尽可能保持一致(地线除外)，并避免出现分支。印制导线的走向应平直，不应有急弯和夹角，印制导线拐弯处一般取圆弧形，而直角或夹角在高频电路中会影响电气性能，如图 7-6 所示。

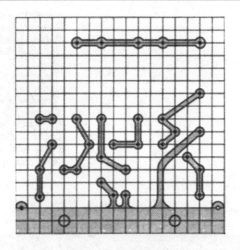

图 7-5 描漆图示例

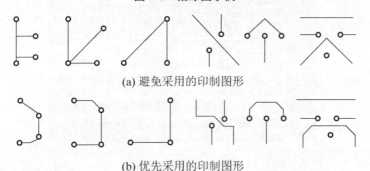

(a) 避免采用的印制图形

(b) 优先采用的印制图形

图 7-6 避免与优先采用的印制图形

⑥ 腐蚀。腐蚀前应检查印制图形外规，修整线条焊盘。腐蚀液一般用三氯化铁溶液，浓度在 28%～42%之间。在冬天可以对溶液适当加温以加快腐蚀，但为防止将漆膜泡掉，温度不宜过高(不超过 40℃)。

⑦ 去漆膜。

⑧ 清洗。在漆膜去净后，一些不整齐的地方、毛刺和粘连等就会清晰地暴露出来，这时还需刻刀再进行修整。

⑨ 涂助焊剂。把已配好的松香酒精溶液立即涂在洗净晾干的印制电路板上作为助焊剂。

2. 贴图法

贴图用的材料是一种有各种宽度的导线和有各种直径、形状的焊盘，在它们的一面涂上不干胶，可以直接粘贴在打磨后的覆铜板上。这种抗蚀能力强的薄膜厚度只有几微米，图形种类有几十种，如焊盘、接插头、集成电路引线及各种符号等，如图 7-7 所示。

3. 刀刻法

对于一些电路比较简单，线条较少的印制电路板，可以用刀刻法来制作，如图 7-8 所示。在进行图形设计时，要求形状尽量简单，一般把焊盘与导线合为一体，形成多块矩形图形。

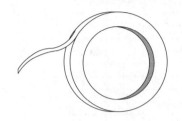

(a) 贴图用导线　　　　　　　(b) 贴图用焊盘

图 7-7　贴图用的导线和焊盘

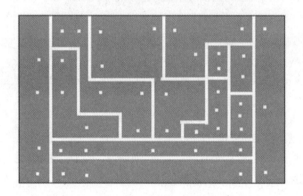

图 7-8　刀刻电路板

4. 用热转印法自制单面印制电路板

用热转印法自制单面印制电路板主要有以下 7 步操作。

1) 操作一：制作电路图

用激光打印机把设置好的版图打印在热转印纸上，然后选择完整的版图剪下来。热转印纸是经过特殊处理的、通过高分子技术在它的表面覆盖了数层特殊材料的专用纸，具有耐高温、不粘连的特性，如图 7-9 所示。

(a) 打印在热转印纸上　　　　　　　(b) 将版图剪下

图 7-9　制作电路图

2) 操作二：准备好覆铜板

根据电路的电气功能和使用的环境条件选取合适的印制板材质，按实际设计尺寸剪裁大小合适的覆铜板。用细砂纸打磨，去掉氧化层，并用锯子、平板锉刀或砂布将四周打磨平整、光滑，去除毛刺，清洁板面，如图 7-10 所示。

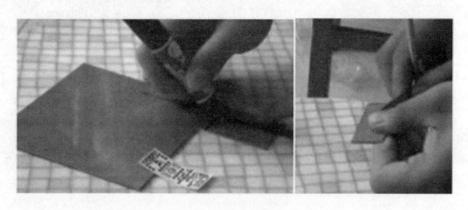

图 7-10　准备好覆铜板

3) 操作三：图形转移

图形转移是把设计好的 PCB 的图纸通过打印机按照 1∶1 的比例打印到转印纸上，然后剪下来，确定好图和板，可以用胶带等物固定。把固定好的图和板放入已经预热结束的转印机中。板在下，图在上放好，开动转印机的进给按钮。通过上下滚轮的加热和挤压(约 6 个回合)，把转印纸上的图转到覆盖铜板的铜箔上，如图 7-11 所示。

图 7-11　图形转移

4) 操作四：描图

待冷却后揭下转印纸，如有残缺，用油性记号笔描图进行修补。描图液可以用磁漆或清漆，也可以把沥青熔化在汽油中做描图液。

描图时，用小毛笔蘸上磁漆，在覆铜板上描图，要使保留的部分都涂上漆。注意线条要光洁，焊点处要圆滑。

5) 操作五：腐蚀

将前面处理好的电路板放入盛有腐蚀液的容器中(腐蚀液可以是三氯化铁溶液；也可以用水、盐酸、双氧水按 1∶1∶1 的比例配成)，并来回晃动。为了加快腐蚀速度，可提高腐蚀液的浓度并加温，但温度不应超过 50℃，否则会破坏覆盖膜，使其脱落。待板面上的铜箔全部腐蚀掉后，立即将电路板从腐蚀液中取出。该腐蚀容器具有加热和流动液体的功能，以加快蚀刻速度，如图 7-12 所示。

图 7-12　腐蚀

6) 操作六：整理

(1) 清水冲洗：当腐蚀直到无油墨处的铜全部消失时，即可用清水冲洗腐蚀好的电路板，然后用干净的抹布擦干。

(2) 除去保护层：用砂纸打磨干净，露出闪亮的铜箔。

(3) 修板：将腐蚀好的电路板再一次与原图对照，使导电条边缘平滑无毛刺，焊点圆润。用刻刀修整导电条的边缘和焊盘，如图 7-13 所示。

(a) 冲洗、除去保护层　　　　　　　　(b) 修板

图 7-13　整理

7) 操作七：钻孔

利用自动打孔机或高速钻床进行打孔。简易的也可以用手摇钻钻孔，如图 7-14 所示。注意：孔必须钻正，一定要钻在焊盘的中心且垂直板面。

钻孔时，一定要使钻出的孔光洁、无毛刺。钻孔完毕，应去掉毛刺并用干布擦去粉尘。

> 提示：热转印纸使用前应将上层的保护贴纸揭去，然后将印制电路板图打印在光滑面上，千万不要弄错了，否则无法转印。热转印纸也可以采用不干胶的衬底，其热转印效果与热转印纸差不多，但价格更便宜，在一般的文具商店都可以买到。

(a) 钻孔　　　　　　　　(b) 修整

图 7-14　钻孔

打印机不能采用喷墨打印机，应采用激光打印机。因为激光打印机和复印机的碳粉是含磁性物质的塑料微粒，受热后容易转移，转印效果较好，而且对腐蚀液具有良好的抗腐蚀性。为保证良好的热转印效果，转印前应将覆铜板表面的污垢和杂质清洗干净，加强它对碳粉的附着性。

7.2.3　PCB 的工业制作

1) 单面板的制作工艺流程

裁板→图形转移→化学蚀刻→退膜→丝印字符→阻焊制作→钻定位孔→外形加工→表面处理→检验测试。

2) 双面板的制作工艺流程(图形电镀工艺流程)

下料→数控钻孔→检验→化学镀薄铜→电镀薄铜→刷板→贴膜(或网印)→曝光显影(或固化)→修板→图形电镀(Cn+Sn/Pb)→去膜→蚀刻→插头镀镍镀金→电气通断检测→清洁处理→网印阻焊图形→网印标记符号→外形加工→检验→包装。

7.2.4　双面板制作流程(干膜工艺)

1. 板件钻孔

步骤：文件处理→依图裁板→自动钻孔→板材抛光。

1) 文件处理

文件处理如图 7-15 所示。

2) 依图裁板

裁板是根据 PCB 图大小来裁取所需基材：双面覆铜板。裁取的标准是：覆铜板的长、宽大于目标 PCB 图 0.5cm 左右，以留作工艺边。手动裁板机如图 7-16 所示。

3) 自动钻孔

数控钻床根据前述文件处理生成的钻孔文件自动识别钻孔数据，快速、精确地完成定位、钻孔等任务。图 7-17 所示为 Create-DCM3030 双面线路板雕刻机。

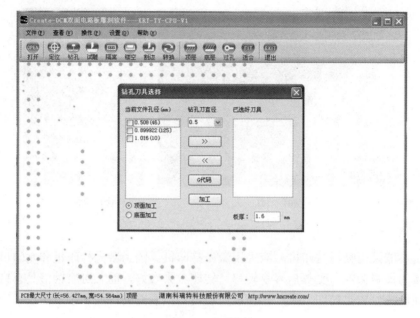

图 7-15　文件处理

图 7-16　Create-MCM2200 精密手动裁板机

①上刀片；②下刀片；③压杆；④底板；⑤定位尺

图 7-17　Create-DCM3030 双面线路板雕刻机

钻孔步骤如下。
① 固定待钻孔覆铜板。
② 用专用 U 盘提供钻孔文件(钻孔文件需在 U 盘根目录下)。
③ 安装对应规格孔的钻头。
④ 原点定位。
⑤ 分批钻孔。
钻孔板如图 7-18 所示。

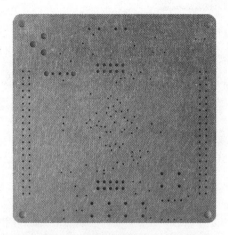

图 7-18　工艺演示样板：钻孔板

4) 板材抛光

抛光机是利用高速旋转的刷辊通过物理打磨的方法去除覆铜板表面氧化物、油污，如图 7-19 所示。

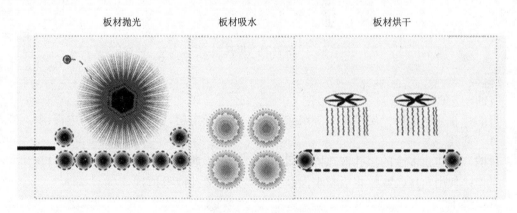

图 7-19　板材抛光

2. 金属化过孔

1) 整孔

整孔如图 7-20 所示。
温度：50～55℃。
时间：3～5 分钟(最佳时间 5 分钟)。

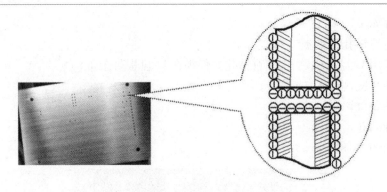

图 7-20　整孔

目的：清除铜箔和孔内的油污、油脂及毛刺铜粉，调整孔内电荷，有利于碳颗粒的吸附。

2) 黑孔

黑孔如图 7-21 所示。

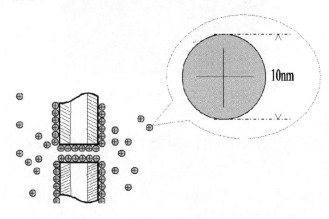

图 7-21　黑孔

温度：室温。

时间：3 分钟。

目的：将孔壁吸附一层精细、导电碳颗粒，形成导电层，以方便后续的电镀铜。

3) 通孔

目的：为防止多余的黑孔液热固化后堵孔，需进行通孔。

操作：使用负压气泵，将板材表面及孔内多余的黑孔液吸掉。

4) 烘干

将通孔后板件置于油墨固化机内进行烘干。烘干参数：75℃烘干 3 分钟。

5) 微蚀

微蚀如图 7-22 所示。

温度：室温。

时间：1 分钟。

目的：除去表面铜箔上吸附的碳颗粒，保留孔壁上的碳颗粒。

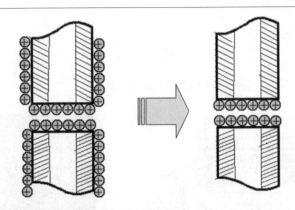

图 7-22 微蚀

原理：液体只与铜反应，所以将表面的铜箔轻微地腐蚀掉一层，吸附在铜箔上的碳颗粒就会松落去除。

6) 加速

温度：室温。

时间：20 秒。

目的：除去微蚀时在覆铜板表面产生的铜盐。

7) 镀铜

镀铜如图 7-23 所示。镀铜样板如图 7-24 所示。

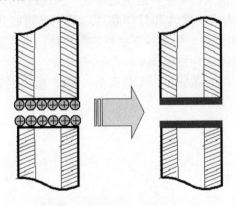

图 7-23 镀铜

图 7-24 镀铜样板：孔壁内有铜金属光泽

温度：室温。

时间：20～30 分钟(最佳 30 分钟)。

电流：$2A/dm^2$。

目的：孔壁已吸附了一层碳颗粒，碳颗粒是导电的，通过电镀在碳层上电镀铜，从而达到双面板过孔导通的目的。

化学反应：

阳极 $Cu-2e=Cu^{2+}$，　　阴极 $Cu^{2+}+2e=Cu$

3. 线路制作（干膜工艺）

1) 覆膜

覆膜机如图 7-25 所示。覆膜效果如图 7-26 所示。

图 7-25　Create-GTM2200 自动覆膜机

图 7-26　覆膜效果

2) 线路曝光

曝光机原理：曝光机主要提供紫外光源，并带抽真空功能。其紫外光源照射干膜时，干膜发生聚合反应，生成的聚合物不溶于显影液，而未照射部分可通过显影液除去，从而形成抗蚀图像。抽真空功能是使得底片与感光板紧密结合，避免侧曝光，保证线路精度。

底片分类：根据制作工艺的不同，可分为光绘底片和打印底片，其中光绘底片精度高，黑白对比度好。同时，又可以分为正片和负片。譬如线路底片的负片是：需要的线路是白色，不需要的部分是黑色。干膜工艺中线路底片使用负片。

线路曝光步骤为：①裁剪底片；②对位；③胶带固定；④抽真空；⑤曝光，如图 7-27 所示。曝光如图 7-28 所示。

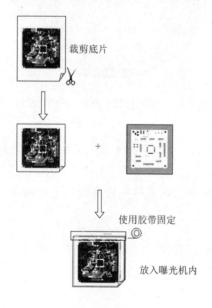

图 7-27　线路曝光步骤

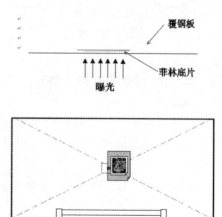

图 7-28　曝光

曝光注意事项如下。
① 将待曝光的覆铜板放于曝光平面,待曝光面朝下。
② 启动真空 10 秒。
③ 待电流表指示电流稳定后启动曝光。
3) 线路显影(见图 7-29)
显影方法:将曝光后的线路板置于显影机中显影。
4) 线路蚀刻(见图 7-30)
原理:经前述曝光、显影已经在需要的地方形成了抗蚀图层,故此可直接进行蚀刻。

图 7-29 Create-DPM6200 全自动线喷淋显影机

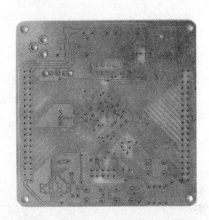

图 7-30 蚀刻板

5) 线路测试
至此,电气连接的线路已经做完,可对线路进行检测。
线路测试内容:检测线路是否有断线、短路现象,孔是否全部导通(常用检测工具有视频检测仪、万用表、飞针等)。

4. 阻焊制作

阻焊制作原理:首先在制作好的线路板上,通过丝网漏印一层感光阻焊油墨,然后通过曝光、显影的方式在需要的地方留下阻焊油墨。

(1) 刮阻焊,如图 7-31、图 7-32 所示。

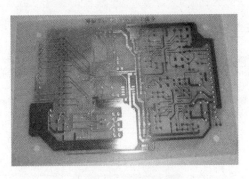

图 7-31 刮阻焊前

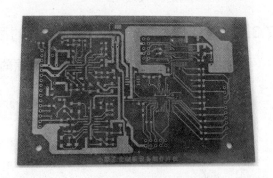

图 7-32 刮阻焊后

(2) 阻焊曝光、显影，如图 7-33、图 7-34 所示。

阻焊曝光、显影操作方法与线路曝光、显影一致。

图 7-33　阻焊曝光显影前　　　　　图 7-34　阻焊曝光显影后

5. 字符制作

字符制作与阻焊制作基本原理相似，如图 7-35、图 7-36 所示。

图 7-35　字符制作前　　　　　图 7-36　字符制作后

7.3　任 务 实 施

7.3.1　集成电路扩音机电路 PCB 的设计

(1) 根据集成电路扩音机电气原理图，设计 PCB 图。

(2) PCB 图的检查校正。

7.3.2　集成电路扩音机电路 PCB 的手工制作

1. 采用漆图法制作集成电路扩音机电路的 PCB

其具体步骤如下。

① 下料。

② 拓图。

③ 打孔。

④ 调漆。

⑤ 描漆图。

⑥ 腐蚀。
⑦ 去漆膜。
⑧ 清洗。
⑨ 涂助焊剂。

2. 采用热转印法制作集成电路扩音机电路的 PCB

其具体步骤如下。

① 制作电路图。
② 准备好覆铜板。
③ 图形转移。
④ 描图。
⑤ 腐蚀。
⑥ 整理。
⑦ 钻孔。

7.4 任务检查

任务检查单如表 7-2 所示。

表 7-2 检查单

学习情境三		集成电路扩音机的组装与调试			
任务 7	PCB 的设计与制作		学时		
序号	检查项目	检查标准	自查	互查	教师检查
1	训练问题	回答得认真、准确			
2	PCB 的设计	元器件布局合理,印制导线、焊盘设计合理;无电气故障			
3	覆铜板的选用	了解各种覆铜板的性能特点,会选用合适的覆铜板			
4	PCB 的手工制作	PCB 外观美观,无断线、短路故障			
5	仪器工具的使用情况	使用方法正确,仪器工具选择合理			
6	规范、安全操作	是否安全操作,是否符合 6S 标准			
检查评价	班级		第 组	组长签字	
	教师签字		日期		
	评语:				

任务 8 集成电路扩音机的组装与调试

8.1 任务描述

8.1.1 任务目标

(1) 了解集成电路扩音机的组成及工作原理。
(2) 掌握集成电路扩音机的组装与调试方法。
(3) 增强学生的实际分析和解决问题的能力。

8.1.2 任务说明

掌握安装技术和调试技术对电子产品的设计、制作、使用、维修都是不可缺少的。具体任务要求如下：
(1) 会正确识读集成电路扩音机的电气原理图、框图、PCB 图。
(2) 会正确识别与检测集成电路扩音机各元器件。
(3) 会按工艺要求组装集成电路扩音机。
(4) 会正确调试集成电路扩音机。

8.2 任务资讯

8.2.1 集成电路扩音机的组成及方框图

扩音机电路是把微弱的声音信号放大成能推动扬声器的功率放大信号，主要由运算放大器构成。电路结构分为前置放大、音频控制、功率放大三部分。前置放大主要完成小信号的放大；一般要求输入阻抗高，输出阻抗低，频带宽，噪声要小；音频控制主要是实现对输入信号高、低音的提升和衰减；功率放大器决定了输出功率，要求效率高，失真尽可能小，输出功率大。

整机电路由话音放大器、混合前置放大器、音调控制放大器、功率放大器组成，各级放大倍数如图 8-1 所示。

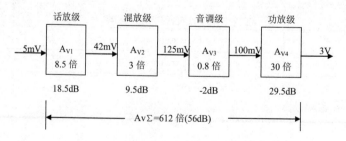

图 8-1 集成电路扩音机的各级放大倍数

8.2.2 集成电路扩音机的电路工作原理

集成电路扩音机的电路工作原理图如图 8-2 所示。

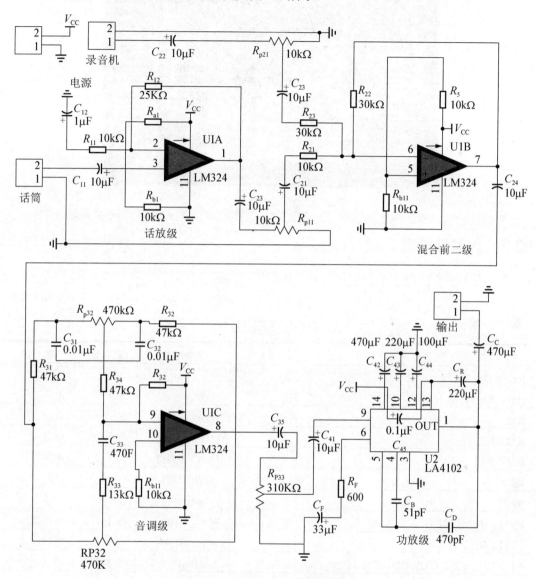

图 8-2 集成电路扩音机电路原理

8.3 任务实施

8.3.1 PCB 检查

装配前应对印制板进行检查，内容主要包括：印制板的图形、孔位及孔径是否符合图纸，有无断线，缺孔等，表面处理是否合格，有无污染或变质。图 8-3 中红线是 PCB 板顶层的跳线。

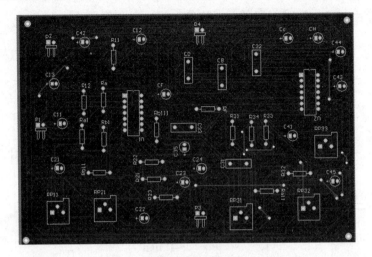

图 8-3　集成电路扩音机的 PCB 图

8.3.2　元器件检查

元器件的品种、规格及外封装是否与图纸吻合，元器件引线有无氧化、锈蚀。

元器件清单如表 8-1 所示。

表 8-1　元器件清单

元器件序号	型　号	主要参数	数　量	备　注
Ra，Ra1，Ra11，Rb1，Rb11，Rb111R11，R21		1/4W，10kΩ	各 1 个	电阻
R12		1/4W，75kΩ	1	电阻
R22、R23		1/4W，30kΩ	各 1 个	电阻
R31、R32、R34		1/4W，47kΩ	各 1 个	电阻
R33		1/4W，13Ω	1	电阻
Rf		1/4W，600Ω	1	电阻
RP11、RP21、RP33		W.L，B10k	各 1 个	电位器
RP31、RP32		W.L，B100k	各 1 个	电位器
C11、C13、C21、C22、C23、C24、C35、C41		25V10μF	各 1 个	电解电容
C12		10V1μF	1	电解电容
C45		10V1μF	1	电解电容
C42、Cc		25V470μF	各 1 个	电解电容
C43、Ch		25V220μF	1	电解电容
C44		25V100μF	1	电解电容
Cf		10V33μF	1	电解电容
C31、C32		10V0.01μF	各 1 个	电容
C33		10V470pF	1	电容

元器件序号	型 号	主要参数	数 量	备 注
CB		10V51pF	1	电容
CD		10V470pF	1	电容
U1	LM324	3～32V	1	集成芯片
U2	LA4102		1	集成芯片

8.3.3 电路安装与调试

1. 合理布局，分级装调

扩音器是一个小型电路系统，安装前要对整机线路进行合理布局，一般按照电路的顺序一级一级地布线，功放级应远离输入级，每一级的地线尽量接在一起，连线尽可能短，否则很容易产生自激。安装前应检查元器件的质量，安装时要特别注意功放块、运算放大器、电解电容等主要器件的引脚和极性，不能接错。从输入级开始向后逐级安装，也可以从功放级开始向前逐级安装。安装一级调试一级，安装两级要进行级联调试，直到整机安装与调试完成。

用万用表测该级输出端对地的直流电压。话放级、混合级、音调级都是由运算放大器组成的，其静态输出直流电压均为 $V_{CC}/2$，功放级的输出(OTL 电路)也为 $V_{CC}/2$，且输出电容 C_C 两端充电电压也应为 $V_{CC}/2$。

调试过程如果布线不太合理，形成级间交叉耦合，应考虑重新布线；级联后各级电流都要流经电源内阻，内阻压降对某一级可能形成正反馈，应接 RC 去耦滤波电路。R 一般取几十欧姆，C 一般用几百微法大电容与 0.1 微法小电容相并联。

单级电路调试时的技术指标较容易达到，但进行级联时，由于级间相互影响，可能使单级的技术指标发生很大变化，甚至两级不能进行级联。产生的主要原因是：由于功放级输出信号较大，对前级容易产生影响，引起自激。集成块内部电路多极点引起的正反馈易产生高频自激，常见高频自激现象。可以加强外部电路的负反馈予以抵消，如功放级①脚与⑤之间接入几百皮法的电容，形成电压并联负反馈，可消除叠加的高频毛刺。

常见的低频自激现象是电源电流表有规则地左右摆动，或输出波形上下抖动。产生的主要原因是输出信号通过电源及地线产生了正反馈，可以通过接入 RC 去耦滤波电路消除。

2. 功能试听

低阻话筒接话音放大器的输入端。应注意，扬声器输出的方向与话筒输入的方向相反，否则扬声器的输出声音经话筒输入后，会产生自激啸叫。讲话时，扬声器传出的声音应清晰，改变音量电位器，可控制声音大小。

8.4 任务检查

任务检查单如表 8-2 所示。

表 8-2 检查单

学习情境三	集成电路扩音机的组装与调试				
任务 8	集成电路扩音机的组装与调试		学时		
序号	检查项目	检查标准	自查	互查	教师检查
1	训练问题	回答得认真、准确			
2	PCB 检查	元器件布局合理,印制导线、焊盘设计合理;无电气故障			
3	元器件检测	元器件完好,参数与设计图纸吻合			
4	电路组装	组装符合装配工艺要求			
5	电路调试	扩音器各项技术指标符合设计要求			
6	仪器工具的使用情况	使用方法正确,仪器工具选择合理			
7	规范、安全操作	是否安全操作,是否符合 6S 标准			
检查评价	班级		第 组	组长签字	
	教师签字		日期		
	评语:				

学习情境三 成果评价

成果评价单如表 8-3 所示。

表 8-3 评价单

学习领域		电子产品的组装与调试			
学习情境三		集成电路扩音机的组装与调试		学时	
评价类别	项目	子项目	学生自评	学生互评	教师评价
专业能力(70%)	资讯(10%)	搜集信息			
		引导问题回答			
	计划(10%)	计划可执行度			
		材料工具安排			
	实施(20%)	电子工程图的识读			
		PCB 设计与制作			
		集成电路扩音机的组装与调试			
	检查(10%)	全面性、准确性			
		故障的排除			
	过程(10%)	操作过程规范性			
		操作过程安全性			
		工具和仪表使用管理			
	结果(10%)	集成电路扩音机的功能质量			

续表

评价类别	项目	子项目	学生自评	学生互评	教师评价
社会能力(20%)	团结协作(10%)	小组成员合作状况			
		对小组的贡献			
	敬业精神(10%)	学习纪律性、独立工作能力			
		爱岗敬业、吃苦耐劳精神			
方法能力(10%)	决策能力(5%)				
	计划能力(5%)				
评价	班级		姓名	学号	总评
	教师签字		第 组	组长签字	日期
	评语:				

小 结

(1) 电子工程图分类包括原理图和工艺图。原理图又包括电气原理图、框图、逻辑图及各种原理图的灵活运用。工艺图包括实物装配图、PCB 装配图、布线图、机壳底板图、面板图等。

(2) 电子工程图的识读方法。从功能框图着手,理解电气原理图;从共用电路着手,读懂电气原理图;从信号流程着手,分析电气原理图;从特殊元件着手,看懂电气原理图。

(3) PCB 的设计与制作。印制电路板主要是由绝缘基板、连接导线以及焊装电子元器件的焊盘组成。印制电路板按其结构可分为单面印制电路板、双面印制电路板、多层印制电路板、软性印制电路板 4 种。

(4) PCB 的手工制作有漆图法、贴图法、刀刻法、用热转印法自制单面印制电路板。

(5) 集成电路扩音机的组装与调试包括 PCB 检查、元器件检查、电路安装与调试。

思考练习三

1. 电子产品工程图的作用是什么?电子产品工程图包含哪几类图纸?
2. 框图有什么作用?它和接线图有什么区别?
3. 电路原理图识图有哪些技巧?
4. 简述覆铜板的种类及选用方法。
5. 在海洋性气候条件下使用的一台发射机应该选用什么基材的覆铜板?
6. PCB 是如何分类的?

7. 为什么高频电路用的电路板多采用大面积接地？
8. 制作双面印制板时为什么一定要有沉铜(金属化过孔)工艺？
9. 简述制作双面印制电路板的工艺流程。
10. 简要说明集成电路扩音机的组成及工作原理。

学习情境四　调频贴片收音机的组装与调试

学习情境四实施概述

教学方法	教学资源、工具、设备
任务驱动教学法、引导文法、案例教学法	① 数字示波器、高频信号发生器、万用表、晶体管毫伏表； ② 多媒体； ③ 常用电工工具； ④ 教学网站

教学实施步骤		
工作过程	工作任务	教学组织
资讯	① 学生情况：掌握调频收音机的基本组成、工作原理及应用；掌握收音机各单元电路作用及信号流程；掌握 SMT 元器件的识别与测试。 ② 任务分析：教师通过展示、操作来介绍调频收音机的组装与实际应用，说明本学习情境的学习任务。 ③ 以案例教学法把学生带入情境之中	① 教师分组布置学习任务、提出任务要求； ② 建议采用引导法、演示法、案例法进行教学。每个小组独立检索与本工作任务相关的资讯
计划	在完成"任务资讯"部分学习后，分析自己现有的知识与技能，衡量自己是否具有完成本任务的条件。如果具备，根据学习情境四的要求制订实施计划，具体要求如下： ① 根据对调频收音机的组装与调试工作任务的分析及领会，制订工作计划； ② 确定小组成员分工； ③ 明确阶段成果及检查的项目	学生在教师的指导下集思广益，各抒己见，制订多种工作计划
决策	对已制订的多个计划： ① 分析实施可操作性； ② 分析工作条件的安全性； ③ 进行 PCB 的安装； ④ 进行产品的组装； ⑤ 进行产品的调试	学生在教师的指导下，在已制订的多个计划中，选出最切实可行的计划，决定实施方案
实施	① 教师将已装好的收音机用案例教学法讲解、分析电路原理； ② 教师介绍贴片元器件的选择与检测方法； ③ 教师介绍贴片收音机的组装工艺； ④ 学生进行贴片元件的组装训练； ⑤ 在"教学做"一体化模式中，学生进行调频贴片收音机的组装与调试工作	① 学生填写材料、工具清单； ② 学生在教师的指导下进行贴片元件的组装训练； ③ 学生在教师的指导下完成调频收音机的组装与调试
检查	实施完毕，对成果先进行小组自查，然后小组之间互查，最后教师检查，提出整改意见，检查学生的自主学习能力	小组自查→小组之间互查→教师检查
评价	实施完毕，对成果进行评价，包括小组自评、小组互评、教师点评，并给出本学习情境的成绩	小组自评→小组互评→教师总结评价结果
教学反馈	通过本学习情境的学习，学生能否掌握知识点和技能点；运用"教学做"一体化模式，学生能否学会调频收音机的组装与调试等	通过教学反馈，使教师了解学生对本学习情境工作任务的掌握情况，为教师教学、教研教改提供依据

任务 9　表面安装技术

9.1　任务描述

9.1.1　任务目标

(1) 掌握 SMT 技术和工艺知识。
(2) 掌握 SMT 元器件的识别和测试。
(3) 学习 SMT 焊接技术。
(4) 培养学生团队合作、爱岗敬业、吃苦耐劳的精神。

9.1.2　任务说明

在进行贴片收音机的组装调试之前,应先掌握 SMT 的相关知识。具体任务要求如下。
(1) 会正确识别和测试 SMT 元器件。
(2) 掌握 SMT 手工焊接技能。
(3) 掌握手工双面 SMD/THC 组装的工艺流程设计。
(4) 了解 SMT 设备的使用知识。

9.2　任务资讯

9.2.1　表面安装元器件

随着电子科学理论的发展和工艺技术的改进,以及电子产品体积的微型化、性能和可靠性的进一步提高,电子元器件向小、轻、薄方向发展,出现了表面安装技术(Surface Mount Technology,SMT)。

SMT 是包括表面安装器件(SMD)、表面安装元件(SMC)、表面安装印制电路板(SMB)及点胶、涂膏、表面安装设备、焊接和在线测试等在内的一套完整工艺技术的统称。SMT 发展的重要基础是 SMD 和 SMC。

表面安装元件和表面安装器(SMC 和 SMD)又称为贴片元器件或片式元器件,它包括电阻器、电容器、电感器及半导体器件等,具有体积小、重量轻、无引线或引线很短、安装密度高、可靠性高、抗震性能好、易于实现自动化等特点。表面安装器件在彩色电视机(高频头)、VCD、DVD、计算机、手机等电子产品中已大量使用。

1. 表面安装器件的特点

片式元器件与有引线的分立元器件相比具有下列特点。
(1) 提高了组装密度,使电子产品小型化、薄型化、轻量化,节省原材料。
(2) 无引线或引线很短,减少了寄生电容和寄生电感,从而改善了高频特性,有利于提高使用频率和电路速度。

(3) 形状简单、结构牢固,紧贴在印制电路板表面上,提高了可靠性和抗震性。

(4) 组装时没有引线的打弯、剪线,在制造印制电路板时,减少了插装元器件的通孔,降低了成本。

(5) 形状标准化,适合于用自动贴装机进行组装,效率高、质量好、综合成本低。

2. 表面安装元器件的分类

片式元器件按其形状可分为矩形、圆柱形和异形(如翼形、钩形等)三类,其外形如图 9-1(a)所示;按其功能可分为片式无源元件、片式有源器件和片式机电元器件三类,具体如表 9-1 所示。片式机电元器件包括片式开关、连接器、继电器和片式微电机等,多数片式机电元器件属翼形结构。各种 IC 封装形式如图 9-1(b)所示。

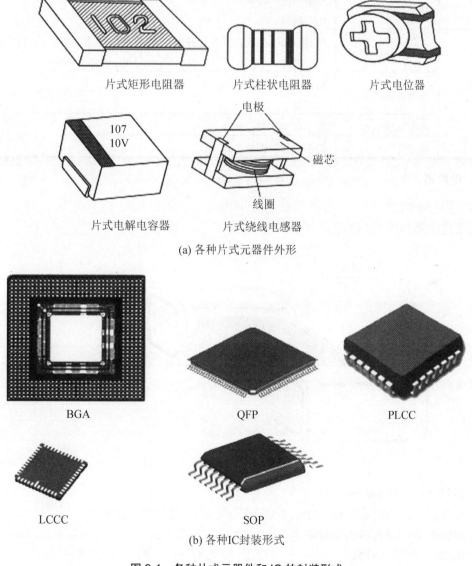

图 9-1 各种片式元器件和 IC 的封装形式

表 9-1　片式元器件分类

种 类		矩 形	圆 柱 形
片式无源元件	片式电阻器	厚膜、薄膜电阻器，热敏电阻器	碳膜电阻器、金属膜电阻器
	片式电容器	陶瓷独石电容器、薄膜电容器、云母电容器、微调电容器、铝电解容器、钽电解电容器	陶瓷电容器、固体钽电解电容器
	片式电位器	电位器、微调电位器	
	片式电感器	绕线电感器、叠层电感器、可变电感器	绕线电感器
	片式敏感元件	压敏电阻器、热敏电阻器	
	片式复合元件	电阻网络、滤波器、谐振器、陶瓷电容网络	
片式有源器件	小型封装二极管	塑封稳压、整流、开关、齐纳、变容二极管	玻封稳压、整流、开关、齐纳、变容二极管
	小型封装晶体管	塑封 PNP、NPN 晶体管，塑封场效应管	
	小型集成电路	扁平封装、芯片载体	
	裸芯片	带形载体、倒装芯片	

3．电阻器

1）矩形电阻器

矩形电阻器如图 9-2 所示。

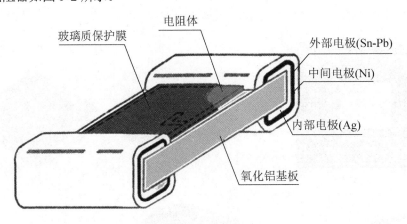

图 9-2　矩形电阻器

电阻基体：氧化铝陶瓷基板。
基体表面：印刷电阻浆料，烧结形成电阻膜，刻出图形调整阻值。
电阻膜表面：覆盖玻璃釉保护层。
两侧端头：三层结构。

2) 圆柱形电阻器

圆柱形电阻器(MELF)如图 9-3 所示。

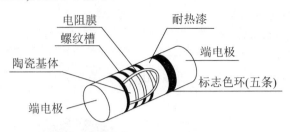

图 9-3　圆柱形电阻器

电阻基体：氧化铝磁棒。

基体表面：被覆电阻膜(碳膜或金属膜)，印刷电阻浆料，烧结形成电阻膜，刻槽调整阻值。

电阻膜表面：覆盖保护漆。

两侧端头：压装金属帽盖。

3) 小型电阻网络

小型电阻网络如图 9-4 所示。

将多个片状矩形电阻按不同的方式连接组成一个组合元件。

电路连接方式：包括 A、B、C、D、E、F 六种形式。

封装结构：是采用小外型集成电路的封装形式。

4) 电位器

适用于 SMT 的微调电位器按结构可分为敞开式和密封式两类。

4. 电容器

表面安装用电容器简称片状电容器，如图 9-5 所示。从目前应用的情况来看，适用于表面安装的电容器已发展到数百种型号，主要有下列品种。

图9-4　小型电阻网络

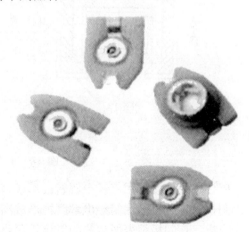

图 9-5　片状电容器

(1) 多层片状瓷介电容器(占 80%)。

(2) 钽电解电容器。
(3) 铝电解电容器。
(4) 有机薄膜电容器(较少)。
(5) 云母电容器电容器(较少)。

1) 多层片状瓷介电容器

多层片状瓷介电容器(独石电容)，简称 MLC，如图 9-6 所示。

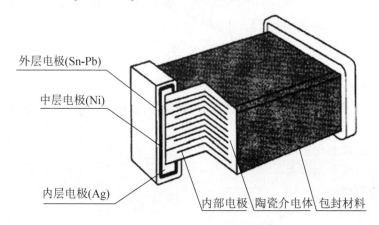

图 9-6　多层片状瓷介电容器

绝缘介质：陶瓷膜片。

金属极板：金属(白金、钯或银)的浆料印刷在膜片上，经叠片(采用交替层叠的形式)、烧结成一个整体，根据容量的需要，少则两层，多则数十层，甚至上百层。

端头：三层结构。

2) 片状铝电解电容器

片状铝电解电容器如图 9-7 所示。

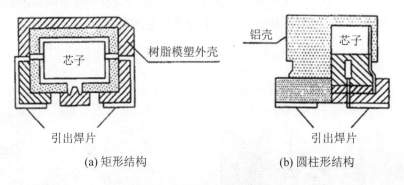

(a) 矩形结构　　　　　　　(b) 圆柱形结构

图 9-7　片状铝电解电容器

阳极：高纯度的铝箔经电解腐蚀形成高倍率的表面。
阴极：低纯度的铝箔经电解腐蚀形成高倍率的表面。
介质：在阳极箔表面生成的氧化铝薄膜。
芯子：电解纸夹于阳阴箔之间卷绕形成，由电解液浸透后密封在外壳内。

片状铝电解电容器分为矩形与圆柱形两种。

圆柱形是采用铝外壳、底部装有耐热树脂底座的结构。
矩形是采用在铝壳外再用树脂封装的双层结构。
铝电解常被大容量的电容器所采用。

3) 片状铝电解电容器

片状铝电解电容器如图9-8所示。

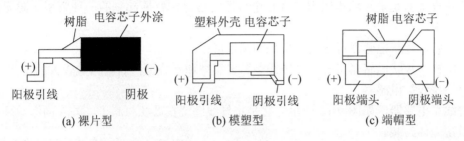

图9-8 片状铝电解电容器

阳极：以高纯度的铝金属粉末，与黏合剂混合后，加压成型，经烧结形成多孔性的烧结体。

绝缘介质：阳极表面生成的氧化铝。

阴极：绝缘介质表面被覆二氧化锰层。

片状铝电解电容器有三种类型：裸片型、模塑型和端帽型。

4) 片状薄膜电容器

片状薄膜电容器如图9-9所示。

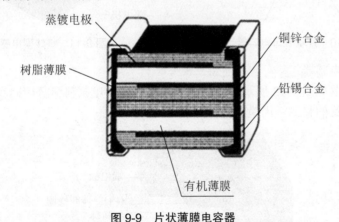

图9-9 片状薄膜电容器

绝缘介质：有机介质薄膜。

金属极板：在有机薄膜双侧喷涂的铝金属。

芯子：在铝金属薄膜上覆盖树脂薄膜，后通过卷绕方式形成多层电极(数十层甚至上百层)。

端头：内层铜锌合金，外层锡铅合金。

5) 片状云母电容器

片状云母电容器如图9-10所示。

绝缘介质：天然云母片。

金属极板：将银印刷在云母片上。

芯子：经叠片、热压形成电容体。

端头：三层结构。

5. 电感器

片状电感器是继片状电阻器、片状电容器之后迅速发展起来的一种新型无源元件，它的种类很多。

按形状，片状电感器可分为：矩形和圆柱形。

按结构，片状电感器可分为：绕线型、多层型和卷绕型，目前用量较大的是前两种。

1) 绕线型电感器

绕线型电感器，如图 9-11 所示，它是将导线缠绕在芯状材料上，外表面涂敷环氧树脂后用模塑壳体封装。

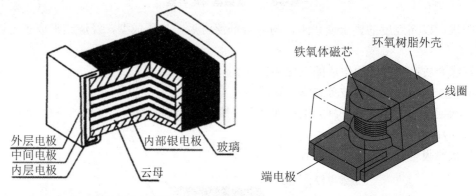

图 9-10　片状云母电容器　　　　图 9-11　绕线型电感器

2) 多层型电感器

多层型电感器如图 9-12 所示，它由铁氧体浆料和导电浆料交替印刷多层，经高温烧结形成具有闭合电路的整体，用模塑壳体封装。

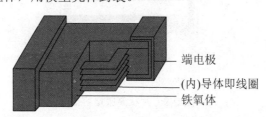

图 9-12　多层型电感器

6. 小外型封装晶体管

小外型封装晶体管(Small Outline Transistor)又称作微型片状晶体管，常用的封装形式有四种，如图 9-13 所示。

(1) SOT—23 型：它有三条"翼型"短引线。

(2) SOT—143 型：结构与 SOT—23 型相仿，不同的是有四条"翼型"短引线。

(3) SOT—89 型：适用于中功率的晶体管(300mW～2W)，它的三条短引线是从管子的同一侧引出的。

(4) TO—252 型：适用于大功率晶体管，在管子的一侧有三条较粗的引线，芯片贴在散热铜片上。

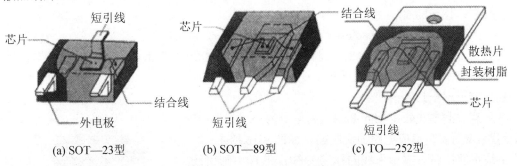

图 9-13 小外型封装晶体管封装形式

7．集成电路 (Integration Circuit)

大规模集成电路：Large Scale IC(LSI)。

超大规模集成电路：Ultra LSIC(USI)。

1) 小外型塑料封装

小外型塑料封装(Small Outline Package)，简称 SOP 或 SOIC。

引线形状：翼形、J 形、I 形，如图 9-14 所示。

引线间距(引线数)：1.27mm(8～28 条)、1.0mm (32 条)、0.76mm(40～56 条)。

图 9-14 小外型塑料封装形状

2) 芯片载体封装

为适应 SMT 高密度的需要，集成电路的引线由两侧发展到四侧，这种在封装主体四侧都有引线的形式称为芯片载体，通常有塑料及陶瓷封装两大类，如图9-15 所示。

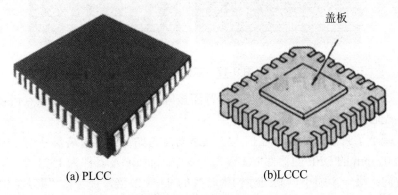

图 9-15 芯片载体封装

① 塑料有引线封装(Plastic Leaded Chip Carrier，PLCC)。

引线形状：J形。

引线间距：1.27mm。

引线数：18～84条。

② 陶瓷无引线封装(Leadless Ceramic Chip Carrier，LCCC)。

它的特点是：无引线，引出端是陶瓷外壳四侧的镀金凹槽(常被称作"城堡式")，凹槽的中心距有1.0mm、1.27mm两种。

3) 方形扁平封装

方形扁平封装(Quad Flat Package)是专为小引线距(又称细间距)表面安装集成电路而研制的，如图9-16所示。

引线形状：带有翼形引线的称为QFP；带有J形引线的称为QFJ。

引线间距：0.65mm、0.5mm、0.4mm、0.3mm、0.25mm。

翼形引线

图9-16 方形扁平封装

引线数范围：80～500条。

4) 球栅阵列封装

球栅阵列封装(Ball Grid Array，BGA)的引线从封装主体的四侧又扩展到整个平面，有效地解决了QFP的引线间距缩小到极限的问题，被称为新型的封装技术。

BGA方式封装的大规模集成电路如图9-17所示。BGA封装是将原来器件PLCC／QFP封装的J形或翼形电极引脚，改变成球形引脚；把从器件本体四周"单线性"顺列引出的电极，变成本体底面之下"全平面"式的格栅阵排列。这样，既可以疏散引脚间距，又能够增加引脚数目。目前，使用较多的BGA的I／O端子数是72～736，预计将达到2000。焊球阵列在器件底面可以呈完全分布或部分分布。

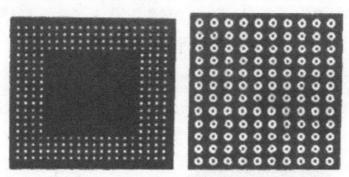

图9-17 球栅阵列封装

结构：在基板(塑料、陶瓷或载带)的背面按阵列方式制造出球形触点代替引线，在基板的正面装配芯片。

特点：减小了封装尺寸，明显扩大了电路功能。如：同样封装尺寸为20mm×20mm、引线间距为0.5mm的QFP的器件I/O数为156个，而BGA器件为1521个。

发展方向：进一步缩小，其尺寸约为芯片的1～1.2倍，被称作"芯片尺寸封装"(简称CSP或BGA)。

5) 裸芯片组装

随着组装密度和 IC 的集成度的不断提高，为适应这种趋势，IC 的裸芯片组装形式应运而生，并得到广泛应用。

它是将大规模集成电路的芯片直接焊接在电路基板上，焊接方法有下列几种。

(1) 板载芯片：简称 COB，是将裸芯片直接粘在电路基板上，用引线键合达到芯片与 SMB 的连接，然后用灌封材料包封。这种形式主要用在消费类电子产品中。

(2) 载带自动键合：简称 TAB，如图 9-18 所示。

载带：基材为聚酰亚胺薄膜，表面覆盖上铜箔后，用化学法腐蚀出精细的引线图形。

芯片：在引出点上镀 Au、Cu 或 Sn/Pn 合金，形成高度为 20～30μm 的凸点电极。

组装方法：芯片粘贴在载带上，将凸点电极与载带的引线连接，然后用树脂封装。

它适用于大批量自动化生产。TAB 的引线间距较 QFP 进一步缩小至 0.2mm 或更细。

(3) 倒装芯片(Flip Chip，FC)，如图 9-19 所示。

芯片：制成凸点电极。

组装方法：将裸芯片倒置在 SMB 基板上(芯片凸点电极与 SMB 上相应的焊接部位对准)，用回流焊连接。

发展方向：倒装芯片的互连技术，由于焊点可分布在裸芯片全表面，并直接与基板焊盘连接，更适应微组装技术的发展趋势，是目前研究和发展最为活跃的一种裸芯片组装技术。

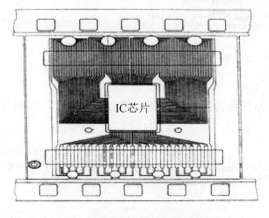

图 9-18　TAB 结构

图 9-19　FC 结构

9.2.2　SMB 的主要特点

(1) 高密度：随着 SMC 引线间距由 1.27mm 向 0.762mm→0.635mm→0.508mm→0.381mm→0.305mm 直至 0.1mm 的过渡，SMB 发展到五级布线密度，即在 1.27mm 中心距的焊盘间允许通过三条布线，在 2.54mm 中心距的焊盘间允许通过四条线布线(线宽和线间距均为 0.1mm)，并还在向五条布线的方向发展。

(2) 小孔径：在 SMT 中，由于 SMB 上的大多数金属化孔不再用来装插元器件，而是用来实现各层电路的贯穿连接，SMB 的金属化通孔直径一般在向 0.6mm→0.3mm→0.1mm 的方向发展。

(3) SMB 不仅适用于单、双面板,而且在高密度布线的多层板上也获得了大量的应用。现代大型电子计算机中用多层 SMB 十分普遍,层数最高的可达近百层。

(4) 高板厚孔径比:PCB 的板厚与孔径之比一般在 3 以下,而 SMB 普遍在 5 以上,甚至高达 21。这给 SMB 的孔金属化增加了难度。

(5) 优良的传输特性:由于 SMT 广泛应用于高频、高速信号传输的电子产品中,电路的工作频率由 100MHz 向 1000MHz,甚至更高的频段发展。

(6) 高平整高光洁度:SMB 在焊接前的静态翘曲度要求小于 0.3%。

(7) 尺寸稳定性好:基材的热膨胀系数(CTE)是 SMB 设计、选材时必须考虑的重要因素之一。

9.2.3 表面安装组件的类型

表面安装组件(Surface Mounting Assembly,SMA)主要有以下几种类型。

1) 全表面安装(Ⅰ型)

全表面安装是全部采用表面安装元器件,安装的印制电路板是单面或双面板,如图 9-20 所示。

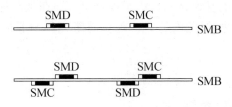

图 9-20 全表面安装

2) 双面混装(Ⅱ型)

双面混装是表面安装元器件和有引线元器件混合使用,印制电路板是双面板,如图 9-21 所示。

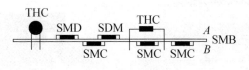

图 9-21 双面混装

3) 单面混装(Ⅲ型)

单面混装是表面安装元器件和有引线元器件混合使用,与Ⅱ型不同的是印制电路板是单面板,如图 9-22 所示。

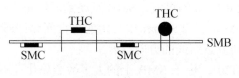

图 9-22 单面混装

9.2.4 工艺流程

由于 SMA 有单面安装和双面安装；元器件有全部表面安装及表面安装与通孔插装的混合安装；焊接方式可以是再流焊、波峰焊，或两种方法混合使用；通孔插装方式可以是手工插，或机械自动插……从而演变为多种工艺流程，目前采用的方式有几十种之多，下面仅介绍通常采用的几种形式。

1) 单面全表面安装流程

单面全表面安装流程如图 9-23 所示。

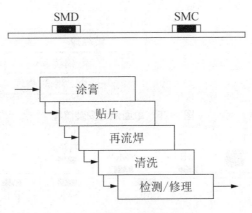

图 9-23 单面全表面安装流程

2) 双面全表面安装流程

双面全表面安装流程如图 9-24 所示。

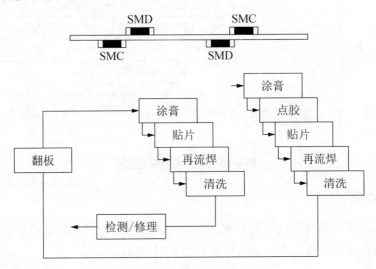

图 9-24 双面全表面安装流程

3) 单面混合安装流程

单面混合安装流程如图 9-25 所示。

4) 双面混合安装流程

双面混合安装流程如图 9-26 所示。

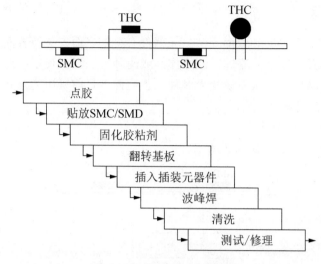

图 9-25　单面混合安装流程

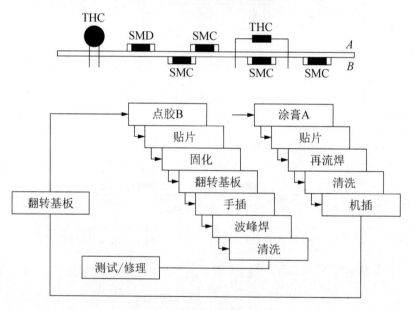

图 9-26　双面混合安装流程

9.2.5　贴片机

贴片机是片式元器件自动安装装置，是一种由微型计算机控制的对片式元器件实现自动检选、贴放的精密设备。全自动贴片机如图 9-27 所示。

1. 贴片机的结构

贴装机的基本结构包括机器本体、片状元器件供给系统、印制板传送与定位装置、贴装头及其驱动定位装置、贴装工具(吸嘴)、计算机控制系统等。为适应高密度超大规模集成电路的贴装，比较先进的贴装机还具有光学检测与视觉对中系统，保证芯片能够高精度地准确定位，如图 9-28 所示。

学习情境四　调频贴片收音机的组装与调试

图 9-27　全自动贴片机

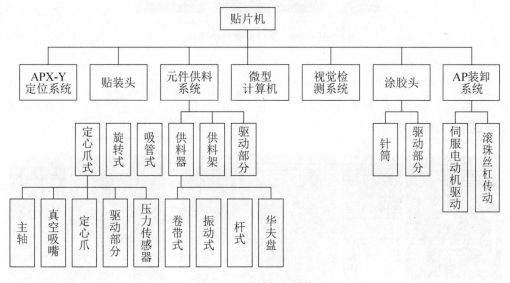

图 9-28　贴片机的结构

2. 贴片机各部分的功能特点

贴片机各部分的功能特点如下。

1) 坚固的机械结构

采用重型耐用的直线滚珠导轨系统，提供坚固和耐用的机械装置。

2) 直线编码系统

采用闭环直流伺服电动机并配合使用无接触式直线编码系统，提供非常高的重复精度（±0.01mm）和稳定性。

3) 智能式送料系统

智能式送料系统能够快速、准确地送料。

4) 点胶系统

点胶系统可在 IC 的焊盘上快速地进行点焊膏。

5) 飞行视觉对中系统

高精密度 BGA IC 及 QFP IC 的视觉对中系统如图 9-29 所示。该系统具有线路板识别摄像机和元器件识别摄像机，采用彩色显示器，实现人机对话，也称为光学视觉系统，能够纠正片式元器件与相应焊盘图形间的角度误差和定位误差，以提高贴装精度。这类贴片机的贴装精度达±0.04mm，贴装件接脚间距为 0.3mm，贴装速度为 0.1～0.2s/件。

图 9-29 飞行视觉对中系统

6) 灵巧的基准点系统

内置精密摄像系统可自动学习 PCB 基准点，除标准的圆形基准点外，方形的 PCB 焊盘和环形穿孔焊盘也可作基准点来识别，如图 9-30 所示；还可精密贴装 BGA IC 和 QFP IC，如图 9-31 所示。

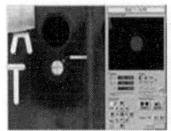  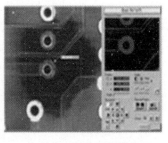

(a) 圆形的 PCB 焊盘　　　　(b) 方形的 PCB 焊盘　　　　(c) 环形穿孔焊盘

图 9-30 基准点系统识别基准点

 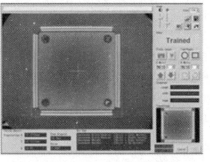

(a) BGA IC　　　　　　　　　　(b) QFP IC

图 9-31 精密贴装 BGA IC 和 QFP IC

3. 贴片机的种类

1) 按贴片机的贴装速度及所贴装元器件种类划分

按贴片机的贴装速度及所贴装元器件种类的不同分类如下。

① 高速旋转贴片机：适合贴装矩形或圆柱形的片式元器件，如图 9-32 所示。

② 低速高精度贴片机：适合贴装 SOP 形集成电路、小型封装芯片载体及无引线陶瓷封装芯片载体等。

③ 高速多功能贴片机：既可贴装常规片式元器件，又可贴各种芯片载体，如图 9-33 所示。

图 9-32　高速旋转(转塔式)贴片机　　图 9-33　高速多功能贴片机

2) 按机器归类划分

贴片机按机器归类，可分为标准型片式元器件贴片机和异形片式元器件贴片机。

3) 按贴片机贴装方式划分

贴片机按贴装方式，可分为顺序式、同时式、流水线式与顺序/同时式，如表 9-2 所示。

表 9-2　贴片机贴装方式分类表

类　别	贴装方式	特　点
顺序式	印制电路板 AP 装在 X-Y 工作台上，表面安装元器件(SMD)一个一个地顺序贴装	工作灵活
同时式	多个 SMD 通过模板一次同时贴于 AP 上	贴装率高，但不易更换 AP
流水线式	AP 在排成流水线的多个贴装头下，一步一步地行进，每到一个头下，贴装一个 SMD	投资大、占地大，但贴装效率高
顺序/同时式	兼有顺序式和同时式两种方式	

9.3　任务实施

9.3.1　片式无源元件的识读和测试

(1) 片式电阻器的识读和测试。

(2) 片式电容器的识读和测试。

(3) 片式电感器的识读和测试。

9.3.2 片式有源器件的识读和测试

(1) 小外型封装晶体管的识读和测试。
(2) 小型集成电路的识读和测试。
(3) 裸芯片的识读。

9.3.3 表面元器件的安装

(1) 表面元器件的准备。
(2) 表面贴装元件的装配。
(3) 小型集成电路的装配。
(4) SMT 装配焊接缺陷的查找与处理。

9.4 任务检查

任务检查单如表 9-3 所示。

表 9-3 检查单

学习情境四			调频贴片收音机的组装与调试			
任务 9	表面安装技术			学时		
序号	检查项目	检查标准		自查	互查	教师检查
1	训练问题	回答得认真、准确				
2	表面元件的识读和测试	正确区分片式电阻、片式电容、片式电感；明确片式电阻、片式电容、片式电感的标注及使用要求；对片式电阻、片式电容进行简单的测试				
3	表面器件的识读	正确区分表面贴装分立器件(二极管、三极管、可控硅等)；弄清 SMD 集成电路的封装及使用要求				
4	表面元器件的安装	熟悉表面元器件的安装方法；发现并处理 SMT 装配焊接缺陷				
5	仪器工具的使用情况	使用方法正确，仪器工具选择合理				
6	规范、安全操作	是否安全操作，是否符合 6S 标准				
检查评价	班级			第 组	组长签字	
	教师签字			日期		
	评语：					

任务 10　调频贴片收音机的组装与调试

10.1　任 务 描 述

10.1.1　任务目标

（1）掌握整机的安装方法。
（2）通过对调频收音机的贴片安装与调试，了解调频表面安装技术收音机的全过程，巩固和增强学生的实际动手能力。
（3）培养学生良好的职业素养和敬业精神。

10.1.2　任务说明

要完成调频收音机的组装与调试任务，应具备以下知识点和技能点。
（1）了解调频收音机的电路组成及工作原理。
（2）熟悉表面元器件的识别与测试方法。
（3）掌握 SMT 焊接技术。
（4）掌握整机组装与调试技术。

10.2　任 务 资 讯

10.2.1　收音机组成框图及工作原理

1. 无线电广播

无线电波在传播过程中可分为地波、天波和空间波三种形式。无线电波波段划分，如表 10-1 所示。

表 10-1　无线电波波段的划分

波段名称	波长范围	频率范围	频段名称	用　途
超波长	$10^4 \sim 10^5$ m	30Hz～3kHz	甚低频 VLF	海上远距离通信
长波	$10^3 \sim 10^4$ m	300Hz～30kHz	低频 LF	电报通信
中波	$2 \times 10^2 \sim 10^3$ m	1500Hz～300kHz	中频 MF	无线电广播
中短波	$50 \sim 2 \times 10^2$ m	6000Hz～1500kHz	中高频 IF	电报通信、业余通信
短波	10～50m	30kHz～6MHz	高频 HF	无线电广播、电报通信和业余通信
米波	1～10m	300kHz～30MHz	甚高频 VHF	无线电广播、电视、导航和业余通信

续表

波段名称	波长范围	频率范围	频段名称	用　途
分米波	1～10dm	3000kHz～300MHz	特高频 UHF	电视、雷达、无线电导航
厘米波	1～10cm	30MHz～3GHz	超高频 SHF	无线电接力通信、雷达、卫星通信
毫米波	1～10mm	300MHz～30GHz	极高频 EHF	电视、雷达、无线电导航
亚毫米波	1mm 以下	300GHz 以上	超极高频	无线电接力通信

常用无线电调制方式有调频、调幅、调相、边带调制等，如图 10-1 所示。

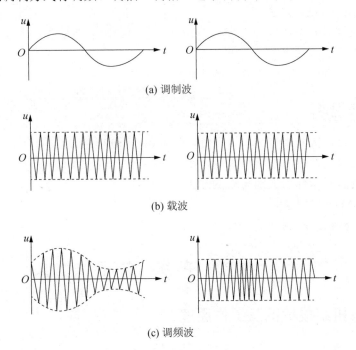

图 10-1　无线电广播调制波形图

2. 无线电广播发射

无线电广播发射系统主要由话筒将声波信号转换为音频电信号，再由音频放大器将音频信号进行放大，同时高频振荡器产生高频振荡信号送往调制器，经过调制器调制成高频信号，再通过高频放大器放大，最后由发射天线发射，如图 10-2 所示。

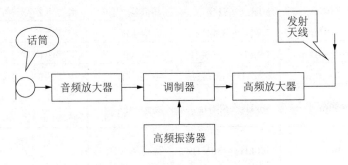

图 10-2　无线电广播发射原理框图

3. 无线电广播接收

无线电广播接收原理框图，如图 10-3 所示。

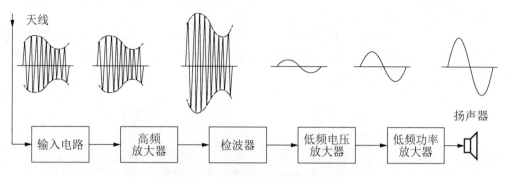

图 10-3　无线电广播接收原理框图

优点：直接放大式收音机具有电路简单、易安装、一管多用、成本低廉等特点。

缺点：在接收波段内，对低频和高频放大不一致，灵敏度低、选择性差、工作稳定性差。

4. 调频收音机基本组成

调频收音机基本组成框图，如图 10-4 所示。

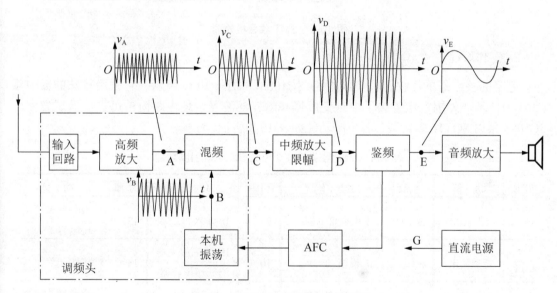

图 10-4　调频收音机基本组成框图

工作原理：输入电路从天线感应信号中选出 87~108MHz 高频调频广播信号，送入高频放大器放大，再与本机振荡产生的高频信号进行混频，产生 10.7MHz 中频信号，经中频放大器放大后，经过限幅电路去掉噪声干扰后，送至鉴频器解调，解调后为音频电信号，再送往音频放大器进行放大，最后推动扬声器还原出优美动听的声音。

10.2.2 FM 微型(电调谐)收音机工作原理

1. 产品特点

采用电调谐单片 FM 收音机集成电路，调谐方便准确。接收频率为 87～108MHz，有较高接收灵敏度，外形小巧，便于随身携带，如图 10-5 所示。电源范围是 1.8～3.5V，充电电池(1.2V)和一次性电池(1.5V)均可工作。内设静噪电路，抑制调谐过程中的噪声。

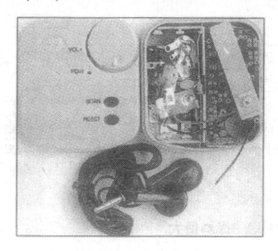

图 10-5　SMT 收音机外形

2. 工作原理

电路的核心是单片收音机集成电路 SC1088，如图 10-6 所示。它采用特殊的低中频(70kHz)技术，外围电路省去了中频变压器和陶瓷滤波器，使电路简单可靠，调试方便。SC1088 采用 SOT16 脚封装，各引脚功能如表 10-2 所示。

表 10-2　单片收音机集成电路 SC1088 引脚功能

引脚	功　能	引脚	功　能	引脚	功　能	引脚	功　能
1	静噪输出	5	本振调谐回路	9	IF 输入	13	限幅器失调电压电容
2	音频输出	6	IF 反馈	10	IF 限幅放大器的低通电容器	14	接地
3	AF 环路滤波	7	1dB 放大器的低通电容器	11	射频信号输入	15	全通滤波电容搜索调谐输入
4	VCC	8	IF 输出	12	射频信号输入	16	电调谐 AFC 输出

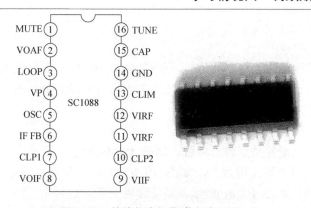

图 10-6　单片收音机集成电路 SC1088

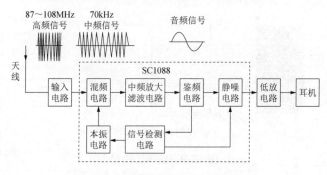

图 10-7　SMT 调频收音机组装框图

SMT 调频收音机电气原理图，如图 10-8 所示。

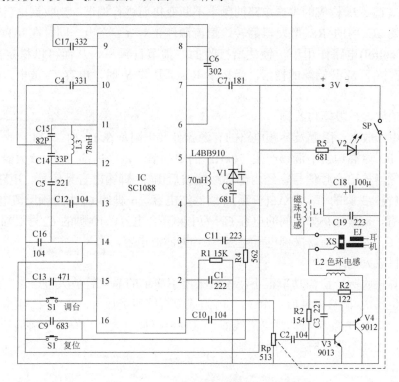

图 10-8　SMT 调频收音机电气原理图

SMT 调频收音机的基本原理如下。

1) FM 信号输入

调频信号由耳机线接收无线电波信号，能过 C14，C15 和 L3 输入电路将信号送入集成电路 SC1088 的 11、12 脚混频电路。此处的 FM 信号为没有调谐的调频信号，即所有的调频电台信号均可进入。

2) 本振调谐电路

本振电路中关键元器件是变容二极管，如图 10-9(a)所示，它是利用 PN 结的结电容与偏压有关的特性制成的"可变电容"，如图 10-9(b)所示。变容二极管加反向电压 U_d，其结电容 C_d 与 U_d 的特性如图 10-9(c)所示，是非线性关系。这种电压控制的可变电容广泛用于电调谐、扫频等电路。

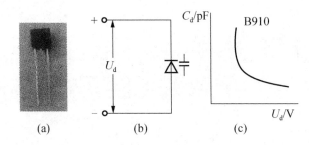

图 10-9　变容二极管

该电路控制变容二极管 V_1 的电压由 IC 第 16 脚给出。当按下扫描开关 S_0 时，IC 内部的 RS 触发器打开恒流源，由 16 脚向电容 C_9 充电，C_9 两端电压不断上升，V_1 电容量不断变化，由 V_1、C_8、L_4 构成的本振电路的频率不断变化而进行调谐。当收到电台信号后，信号检测电路使 IC 内的 RS 触发器翻转，恒流源停止对 C_9 充电。同时在 AFC(Automatic Frequency Control)电路作用下，锁住所接收的广播节目频率，从而可以稳定接收电台广播。直到再次按下 S_0 开始新的搜索。当按下 Reset 开关 S_2 时，电容 C_9 放电，本振频率回到最低端。

3) 中频放大、限幅与鉴频

电路的中频放大、限幅及鉴频电路的有源器件及电阻均在 IC 内。FM 广播信号和本振电路信号在 IC 内混频器中混频产生 70kHz 的中频信号，经内部 1dB 放大器，中频限幅器，送到鉴频器检出音频信号，经内部环路滤波后由 2 脚输出音频信号。电路中 1 脚的 C_{10} 为静噪电容，3 脚的 C_{11} 为 AF(音频)环路滤波电容，6 脚的 C_6 为中频反馈电容，7 脚的 C_7 为低通电容，8 脚与 9 脚之间的电容 C_{17} 为中频耦合电容，10 脚的 C_4 为限幅器的低通电容，13 脚的 C_{12} 为中限幅器失调电压电容，C_{13} 为滤波电容。

4) 耳机放大电路

由于用耳机收听，所需功率很小，本机采用了简单的晶体管放大电路，2 脚输出的音频信号经电位器 R_P 调节电量后，由 V_3、V_4 组成复合管甲类放大。R_1 和 C_1 组成音频输出负载，线圈 L_1 和 L_2 为射频与音频隔离线圈。这种电路耗电大小与有无广播信号以及音量大小关系不大，因此不收听时要关断电源。

10.3 任务实施

10.3.1 调频贴片收音机元器件准备

(1) SMT 调频收音机元器件清单,如表 10-3 所示。

表 10-3 SMT 微型贴片收音机元器件清单

序号	名称	型号	位号	数量	序号	名称	型号	位号	数量
1	贴片集成块	SC1088	IC	1	26	贴片电容	104	C10	1
2	贴片三极管	9013	V3	1	27	贴片电容	223	C11	1
3	贴片三极管	9012	V4	1	28	贴片电容	104	C12	1
4	二极管	BB910	V1	1	29	贴片电容	471	C13	1
5	二极管	LED	V2	1	30	贴片电容	33	C14	1
6	磁珠电感	47μH	L1	1	31	贴片电容	82	C15	1
7	色环电感	47μH	L2	1	32	贴片电容	104	C16	1
8	空芯电感	70nH 8 圈	L3	1	33	插件电容	332	C17	1
9	空芯电感	70nH5 圈	L4	1	34	电解电容	100μF 6×6	C18	1
10	耳机	32×2	EJ	1	35	插件电容	223	C19	1
11	贴片电阻	153	R1	1	36	导线	0.8mm×6mm		2
12	贴片电阻	154	R2	1	37	前盖			1
13	贴片电阻	122	R3	1	38	后盖			1
14	贴片电阻	562	R4	1	39	电位器旋钮			各 1
15	插件电阻	681	R5	1	40	开关按钮		SCAN	1
16	电位器	51K	RP	1	41	开关按钮		RESET	1
17	贴片电容	222	C1	1	42	挂勾			1
18	贴片电容	104	C2	1	43	电池正负连体片			各 1
19	贴片电容	221	C3	1	44	印制板	55mm×25mm		1
20	贴片电容	331	C4	1	45	轻触开关	二脚	S1 S2	各 2
21	贴片电容	221	C5	1	46	耳机及插座	3.5	XS	各 1
22	贴片电容	302	C6	1	47	电位器螺钉	6×5		1
23	贴片电容	181	C7	1	48	自攻螺钉	2×8		2
24	贴片电容	681	C8	1	49	自攻螺钉	2×5		1
25	贴片电容	683	C9	1	50	实习指导书			1

(2) SMT 微型贴片收音机元器件,如图 10-10 所示。

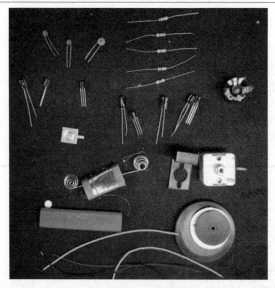

图 10-10　SMT 调频收音机套件

(3) SMT 收音机装配流程图，如图 10-11 所示。

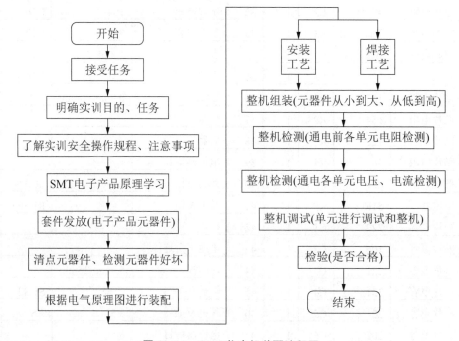

图 10-11　SMT 收音机装配流程图

10.3.2　SMT 微型贴片收音机装配

(1) 将所需电子产品元器件和工具如图 10-12 所示做好相关准备工作，将所用的元器件和工具摆放整齐。

(2) 掌握电子产品基本组成、工作原理、元器件质量好坏检测、电子装配流程及装配工艺注意事项等。

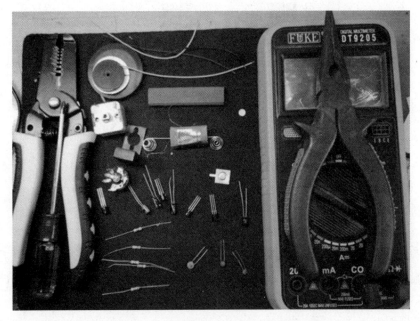

图 10-12 SMT 微型贴片收音机元器件准备

10.3.3 安装具体步骤

1. 准备工作

(1) 做好相关的准备工作,将所用的元器件和工具摆放整齐。

(2) 掌握电子产品基本组成、工作原理,做好元器件质量好坏的检测,了解电子装配流程及装配工艺注意事项等。

2. 操作步骤

按 PCB 标识图及元器件,把各元件放入或插入 PCB 中,达到样品或要求规定的成型高度。

3. 工艺要求

(1) 元器件的整形、排列位置严格按文件的规定要求,不能损伤元器件。

(2) 二极管、三极管、电解电容、有极性,必须按 PCB 上的方向进行插件。

(3) 无极性元器件在装配过程中,必须保持一致性。

(4) 元器件不得有错插、漏插现象。

(5) 完工后清理工位。

10.3.4 SMT 电路安装

1. SMT 安装 PCB 示意图

SMT 元器件装配 PCB 示意图,如图 10-13 所示。

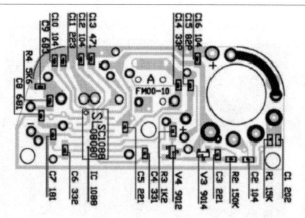

图 10-13 SMT 元器件装配图

2. 贴片元器件安装顺序

安装顺序为：C1/R1、C2/R2、C3/V3、C4/V4、C5/R3、C6/C7、C8/R4、C9、C10、C11、C12、C13、C14、C15、C16、SC1088。

注意事项如下。

(1) SMC 和 SMD 不得用手拿。

(2) 用镊子夹持，不得夹到引线。

(3) 集成 IC"SC1088"标记方向。

(4) 贴片电容表面没有标志，一定要保证准确及时地贴到指定位置，检查焊接质量及修补。

3. 贴片元器件准备

SMT 贴片元器件，如图 10-14 所示。

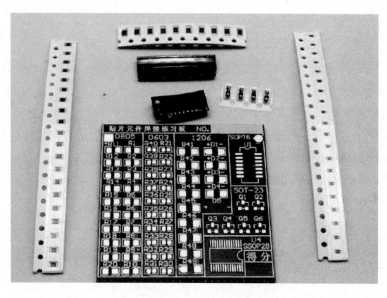

图 10-14 SMT 贴片元器件

4. 贴片元器件装配

贴片元器件装配效果，如图 10-15 所示。

图 10-15　装配效果

5. SC1088 集成 IC 安装效果

SC1088 集成 IC 安装效果，如图 10-16 所示。

图 10-16　SC1088 集成 IC 安装效果

6. SMT 装配焊接缺陷

贴片电阻、电容装配焊接缺陷，如图 10-17 所示。

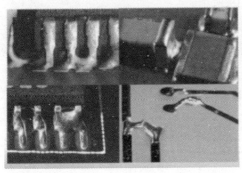
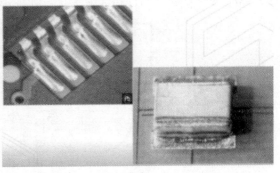

(a) 连锡　　　　　　　　　　　(b) 少锡

图 10-17　SMT 贴片元器件焊点缺陷

(c) 虚焊

图 10-17　SMT 贴片元器件焊点缺陷(续)

7. 集成 IC 装配焊接缺陷

集成 IC 装配焊接缺陷，在装配过程中应避免不合格的焊点，如图 10-18 所示。

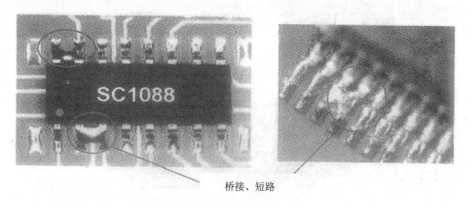

桥接、短路

图 10-18　集成 IC SC1088 装配缺陷

10.3.5　THT 电路安装

1. SMT 贴片收音机 THT 元器件装配

SMT 调频收音机 THT 元器件装配，如图 10-19 所示。

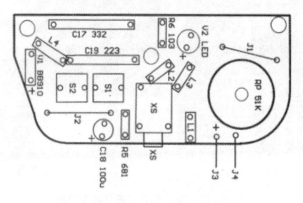

图 10-19　THT 元器件

2. THT 元器件准备

SMT 调频收音机 THT 元器件,如图 10-20 所示。

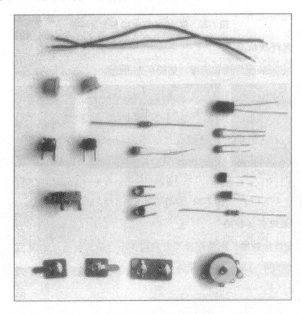

图 10-20　THT 元器件

3. THT 元器件装配流程

THT 元器件装配流程,如图 10-21 所示。

整形→安装→焊接→引脚处理→检查(有无开路、短路、桥接)。

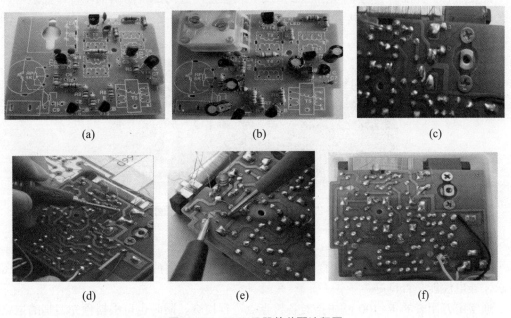

图 10-21　THT 元器件装配流程图

4. THT 装配注意事项

(1) 跨接线 J1、J2 可用剪下的元器件引线。

(2) 安装并焊接电位器 Rp，注意电位器不要与印制板平齐。

(3) 耳机插座 XS，焊接时烙铁不要过热，烙铁加热焊点时间要短，为确保焊接后耳机插座完好无损，可先将耳机插头插入耳机插座中，防止耳机插座烫坏，然后再实施焊接。

(4) 轻触开关 S1、S2。

(5) 电感线圈 L1~L4(磁环 L1、色环 L2、8 匝线圈 L3、5 匝线圈 L4)。

(6) 变容二极管 V1(注意极性方向标记)、R5(立式安装)、C17、C19。

(7) 电解电容 C18/100μF(卧式安装)。

(8) 发光二极管 V2 注意装配高度和极性。

(9) 焊接电源连线 J3、J4，注意正负连线颜色。

10.3.6 整机安装工艺检测

整机总装完成后，按质量检查的内容进行检验，通常整机质量的检查有以下几个方面。

1. 外观检查

装配好的整机表面无损伤、涂层无划痕、脱落，金属结构件无开焊、开裂；元器件安装牢固、导线无损伤、元器件和端子套管的代号符合产品设计文件的规定。整机的活动部分活动自如，机内没有多余物(如焊料渣、零件、金属屑等)，如图 10-22 所示。

检查内容：元器件型号、规格、数量及安装位置，方向是否与图纸符合。安装与焊接工艺检查，有无虚、漏、桥接、飞溅等缺陷。

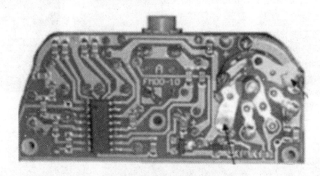

图 10-22 SMT 调频收音机焊接流程图

2. 装联正确性检查

装联正确性检查又称电路检查，目的是检查电气连接是否符合电路原理图和接线图的要求，导电性能是否良好。

通常用万用表的 R×100 欧姆挡对各检查点进行检查，同时也可根据预先编制的电路检查程序表，对照电路图进行检查。

(1) 通电前的检查工作。在通电前应先检查底板插件是否正确，是否有虚焊和短路，各仪器连接及工作状态是否正确。只有通过这样的检查才能有效地减小元器件损坏，提高调试效率。首次调试还要检查各仪器能否正常工作，验证其精确度。

(2) 测量电源工作情况。若调试单元是外加电源，则先测量其供电电压是否适合。若由自身底板供电，则应先断开负载，检测其在空载和接入假定负载时的电压是否正常，若电压正常，则再接通原电路。

(3) 通电观察。对电路通电，但暂不加入信号，也不要急于调试。首先观察有无异常现象，如冒烟、异味、元器件发烫等。若有异常现象，则应立即关断电路的电源，再次检查底板。

(4) 单元电路测试与调整。测试是在安装后对电路的参数及工作状态进行测量。调整是指在测试的基础上对电路的参数进行修正，使之满足设计要求。

① 若整机电路是由分开的多块功能电路板组成的，可以先对各功能电路分别调试完后再组装在一起调试。

② 对于单块电路板，先不要接各功能电路的连接线，待各功能电路调试完后再接上。分块调试比较理想的调试程序是按信号的流向进行，这样可以把前面调试过的输出信号作为后一级的输入信号，为最后联机调试创造条件。

③ 分块调试包括静态调试和动态调试：静态调试一般指没有外加信号的条件下测试电路各点的电位，测出的数据与设计数据相比较，若超出规定的范围，则应分析其原因，并做适当调整；动态调试一般指在加入信号(或自身产生信号)后，测量三极管、集成电路等的动态工作电压，以及有关的波形、频率、相位、电路放大倍数，并通过调整相应的可调元件，使其多项指标符合设计要求。若经过动、静态调试后仍不能达到原设计要求，则应深入分析其测量数据，并做出修正。

(5) 整机性能测试与调整。由于使用了分块调试方法，有较多调试内容已在分块调试中完成，整机调试只需测试整机性能技术指标是否与设计指标相符，若不符合再做出适当调整。

(6) 对产品进行老化和环境试验。

10.3.7 整机通电前检测

电子产品通电前在路电阻检测，主要用于检测所装配电子产品是否出现短路、虚焊、漏焊、错焊、元器件装配不正确等问题。避免造成盲目通电而损坏电子元器件，或导致电子产品装配不成功等，在路电阻检测可用万用表 R×100 欧姆挡或 R×10 欧姆挡检测。

1. 收音机电源电路关键点检测

收音机装配完成通电前在路测试，用于检查电路是否存在短路。将所测的结果记入表 10-4 中。

表 10-4　收音机电源关键点检测

电源检测	开关断开	开关闭合	发光二极管 V2
正向电阻			
反向电阻			

2. 收音机 IC SC1088 电路关键点检测

SC1088 是该调频收音机的主要核心器件，该芯片是收音机的关键，将所测的结果记入表 10-5 中。

表 10-5 IC SC1088 引脚

引脚	1	2	3	4	5	6	7	8	9	10
正向电阻										
反向电阻										

10.3.8 SMT 调频收音机通电调试

经过通电前的检测与参考值进行比较，如果没有发现短路或开路，则可以进行下面步骤。

1. SMT 调频收音机供电电压检测

(1) 检查无误后，将电源线焊到电池片上。
(2) 在电位器开关断开的状态下装入电池。
(3) 插入耳机。
(4) 用万用表 10V 挡(指针表接在电源输入端，在测电压时，应注意表笔极性，如图 10-23 所示。

2. SMT 调频收音机总电流检测

收音机总电流测试，如图 10-24 所示。

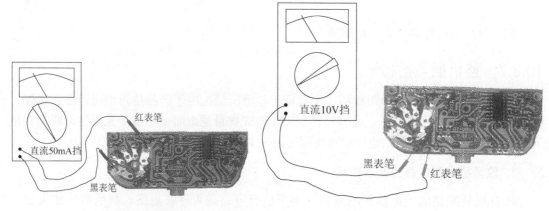

图 10-23 电源电压测试　　　　图 10-24 总电流测试

(1) 检查无误后将电源线焊在电池片上。
(2) 在电位器开关断开(逆时针旋转到底)的状态下装入电池或加入 3V 直流电压(注意正负极)。
(3) 插上耳机。
(4) 用指针万用表 50mA 挡，跨接在开关两端测电流。正常电流应为 7～30mA(与电源电压有关),并且 LED 正常发光。以下是样机测试结果如表 10-6 所示,可供参考。

表 10-6 收音机供电工作电流参数

工作电压/V	1.8	2.0	2.5	3.0	3.2
工作电流/mA	8	11	17	24	28

注意:如果电流为零或超过 35mA 应检查电路。

10.3.9 SMT 调频收音机通电检测与调试

经过通电前的检测后没有短路,也可与参考值进行比较,如果没有短路或开路,则可以进行下面步骤。

1. 电源通电调试

通电后如果收音机电源工作不正常可参照数据表 10-6,并找出问题,解决问题。

2. IC 各关键点检测

电源供电正常后,测试 IC 各引脚电源值,如表 10-7 所示。

表 10-7 各引脚电源值

SC1088 引脚	1	2	3	4	5	6	7	8	9	10
电压/V										

3. 收音机调试搜索广播电台

如果电流在正常范围,可按 S1(SCAN)搜索广播电台,如图 10-25 所示。只要元器件质量完好,安装正确,焊接可靠,不用调任何部分即可收到电台广播。

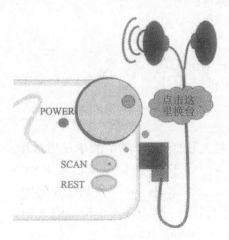

图 10-25 搜索广播电台

如果收不到电台广播,先检查有无错装(由于片状电容表面无标志,电容错装检查用专用测量电容容量的仪器进行测量,并与正常印制板上电容容量进行比较来检查)、虚焊、漏焊等缺陷，然后通电检查集成电路引脚电压及三极管三个电极工作电压是否与正常工作时电压相符等来分析、检查、排除故障。

表 10-8 为收音机正常工作时集成电路各个引脚所测的电压及三极管 V3、V4 的各管脚电压，仅供参考。

表 10-8 集成电路及三极管各引脚电压值

SC1088 及三极管各关键点电压/V								
引脚	1	2	3	4	5	6	7	8
电压/V	2.56	0.80	3.0	3.0	2.70	2.70	2.70	1.95
引脚	9	10	11	12	13	14	15	16
电压/V	2.40	2.40	0.90	0.90	2.40	0	2.23	变化
测试点	V3(9014)			V4(9012)				
	U_e	U_b	U_c	U_e	U_b	U_c		
电压/V	0	0.63	1.50	2.50	1.80	0		

4. 收音机总装

(1) 蜡封线圈。调试完成后将适量的泡沫塑料填入线圈 L4(注意不要改变线圈形状及匝距)，滴入适量蜡使线圈固定。

(2) 固定印制板/装外壳。将外壳板平放到桌面上(注意不要划伤面板)，将两个按键帽放入孔内。

注意：SCAN 键帽上有缺口，放键帽时要对准机壳上的凸起，RESET 键帽上无缺口。

(3) 将印制板对准位置放入壳内。
① 注意对准 LED 位置，若有偏差可轻轻扳动，偏差过大必须重焊。
② 注意三个孔与外壳螺柱的配合。
③ 注意电源线，不妨碍机壳装配。
(4) 装上中间螺钉。
(5) 装电位器旋钮，注意旋钮上的凹点位置。
(6) 装后盖，装上两边的两个螺钉。
(7) 装卡子。
(8) 检查。

总装完毕，装入电池，插入耳机进行检查。要求：电源开关手感良好，表面无损伤，音量正常可调，收听正常。

5. 收音机调试与维修

根据故障现象分析原理。

如果电流在正常范围，先按下 S2 进行复位，再按下 S1 搜索电台广播。只要元器件质量完好，安装正确，焊接可靠，不用调任何部分即可收到电台广播。

如果收不到广播，应仔细检查电路，特别要检查有无错误、虚焊、漏焊等缺陷。

我国调频广播的频率范围是 87～108MHz，调试时可找一个当地频率最低的 FM 电台，适当改变 L4 的匝间距，使按 RESET 键后第一次按 SCAN 键可收到这个电台。

由于 SC1088 集成度高，如果元器件一致性好，一般收到低端电台后均可覆盖 FM 频段，故可不调高端而仅作检查(可用一个成品 FM 成品收音机对照检查)。

本机灵敏度由电路及元器件决定，一般不用调整，调好覆盖后即可正常收听。无线电爱好者可在收听中频段电台时适当调整 L4 匝距，使灵敏度最高(耳机监听音量最大)，不过实际效果不明显。

10.4 任务检查

任务检查单如表 10-9 所示。

表 10-9 检查单

学习情境四		调频贴片收音机的组装与调试			
任务 10	调频贴片收音机的组装与调试		学时		
序号	检查项目	检查标准	自查	互查	教师检查
1	训练问题	回答得认真、准确			
2	元器件准备	对照清单清点元器件；元器件的检测无误			
3	SMT 电路安装 THT 电路安装	明确装配流程图；SMT 装配焊接缺陷检查，无错误、虚焊、漏焊等缺陷；整机装配正确			
4	调频贴片收音机的调试	调台正常，收听效果良好			
5	仪器工具的使用情况	使用方法正确，仪器工具选择合理			
6	规范、安全操作	是否安全操作，是否符合 6S 标准			
检查评价	班级		第组	组长签字	
	教师签字		日期		
	评语：				

学习情境四 成果评价

成果评价单如表 10-10 所示。

表 10-10 评价单

学习领域		电子产品的组装与调试			
学习情境四		调频贴片收音机的组装与调试		学时	
评价类别	项 目	子项目	学生自评	学生互评	教师评价
专业能力 (70%)	资讯(10%)	搜集信息			
		引导问题回答			

续表

评价类别	项目	子项目	学生自评	学生互评	教师评价
专业能力(70%)	计划(10%)	计划可执行度			
		材料工具安排			
	实施(20%)	表面元器件的识读			
		表面元器件的装配			
		调频贴片收音机的组装与调试			
	检查(10%)	全面性、准确性			
		故障的排除			
		操作过程规范性			
		操作过程安全性			
	过程(10%)	工具和仪表使用管理			
	结果(10%)	调频贴片收音机的功能质量			
社会能力(20%)	团结协作(10%)	小组成员合作状况			
		对小组的贡献			
	敬业精神(10%)	学习纪律性、独立工作能力			
		爱岗敬业、吃苦耐劳精神			
方法能力(10%)	决策能力(5%)				
	计划能力(5%)				

评价	班级		姓名		学号		总评	
	教师签字		第　组		组长签字		日期	
	评语：							

小　结

(1) 表面安装技术。随着电子科学理论的发展和工艺技术的改进，以及电子产品体积的微型化、性能和可靠性的进一步提高，电子元器件向小、轻、薄方向发展，出现了表面安装技术，简称 SMT。

(2) 贴片机是片式元器件自动安装装置，是一种由微电脑控制的对片式元器件实现自动检选、贴放的精密设备。

(3) 调频贴片收音机的组装与调试调频收音机。工作原理：输入电路从天线感应信号中选出 87～108MHz 高频调频广播信号，送入高频放大器放大，再与本机振荡产生的高频信号进行混频，产生 10.7MHz 中频信号，经中频放大器放大后，经过限幅电路去掉噪声干扰后，送至鉴频器解调，解调后为音频电信号，再送往音频放大器进行放大。

(4) SMT 调频收音机通电检测与调试。电源通电调试、IC 各关键点检测、收音机调试搜索广播电台、收音机总装、收音机调试与维修。

思考练习四

1. 表面安装技术的优点是什么？
2. 表面安装工艺的焊接方法有哪几种？它们各有什么特点？
3. 简述贴片机的种类和全自动贴片机的功能。
4. 表面安装组件有哪些类型？
5. 在焊盘上印刷焊锡膏的不良现象有哪些？
6. SMB 的主要特点是什么？
7. 分析调频收音机的安装图与原理图的异同点。
8. 怎样调试调频贴片收音机？写出调试步骤。

学习情境五　声光控开关的组装与调试

学习情境五实施概述

教学方法	教学资源、工具、设备
任务驱动教学法、引导文法、案例教学法、实验演示法	① 双踪示波器、函数信号发生器、万用表、晶体管毫伏表； ② 多媒体； ③ 常用电工工具； ④ 教学网站

教学实施步骤			
工作过程	工作任务		教学组织
资讯	① 学生情况：掌握声光控开关的基本工作原理及应用；在工作过程中学习声光控开关的安装与调试技术。 ② 任务分析：教师通过声光控开关的展示与介绍，引导学生进一步理解电子产品调试的目的与要求，掌握电子产品的调试方法；提高对电子产品故障判别与检修的能力，为今后从事电子专业方向的工作奠定基础。 ③ 以案例教学法把学生带入情境之中		① 教师分组布置学习任务、提出任务要求； ② 建议采用引导法、演示法、案例法进行教学。每个小组独立检索与本工作任务相关的资讯
计划	在完成"任务资讯"部分学习后，分析自己现有的知识与技能，衡量自己是否具有完成本任务的条件。如果具备，根据学习情境五的要求制订实施计划包括元器件选择与检测、PCB 组装、整机安装与调试、故障检测与排除、工作任务完成时限、工作所需工具设备等，具体要求如下： ① 根据对集成电路扩音机的组装与调试工作任务的分析及领会，制订工作计划； ② 确定小组成员分工； ③ 明确阶段成果及检查的项目		学生在教师的指导下，集思广益，各抒己见，制订多种工作计划
决策	对已制订的多个计划： ① 分析实施可操作性； ② 分析工作条件的安全性； ③ 确定 PCB 的安装计方法； ④ 确定整机安装与调试方法； ⑤ 确定产品的质量检测方法		学生在教师的指导下，在已订的多个计划中，选出最切实可行的计划，决定实施方案
实施	① 教师用案例教学法讲解、分析电路原理； ② 教师介绍电路元器件的选择与检测，按实验演示法授课； ③ 学生进行声光控开关的组装训练； ④ 教师以"教学做"一体化模式介绍声光控开关的调试、排故方法。 ⑤ 学生进行声光控开关的调试与故障排除		① 学生填写材料、工具清单； ② 学生在教师的指导下完成声光控开关的组装； ③ 学生在教师的指导下完成声光控开关的调试与检测
检查	实施完毕，对成果先进行小组自查，然后小组之间互查，最后教师检查，提出整改意见，检查学生的自主学习能力		小组自查→小组之间互查→教师检查
评价	实施完毕，对成果进行评价，包括小组自评，小组互评，教师点评，并给出本学习情境的成绩		小组自评→小组互评→教师总结评价结果
教学反馈	通过本学习情境的学习，学生能否掌握知识点和技能点；运用"教学做"一体化模式，学生能否学会声光控开关的组装与调试等		通过教学反馈，使教师了解学生对本学习情境工作任务的掌握情况，为教师教学、教研教改提供依据

任务 11　电子整机调试工艺

11.1　任务描述

11.1.1　任务目标

(1) 深刻理解电子产品调试的目的与要求。
(2) 掌握电子产品调试的工艺与方法。
(3) 增强学生的实际分析能力。

11.1.2　任务说明

电子整机产品经装配准备、部件装配、整机装配后,都需要进行调试,使产品达到设计文件所规定的技术指标和功能。同时,在产品生产过程中,要按照有关技术文件和工艺规程,做好对原材料、元器件、零部件、整机的检验工作,确保提供给用户的是符合质量指标和要求的合格产品。具体任务要求如下。
(1) 会正确合理地选择和使用调试所需的仪器仪表。
(2) 了解调试工作的一般程序。
(3) 掌握整机调试的一般工艺流程。

11.2　任务资讯

11.2.1　调试工作的内容

调试工作包括调整和测试两个方面。调整主要是对电路参数而言,即对整机内电感线圈的可调磁芯、可变电阻器、电位器、微调电容器等可调元器件及与电气指标有关的调谐系统、机械传动部分等进行调整,使之达到预定的性能指标和功能要求。

测试是用规定精度的测量仪表对单元电路板和整机的各项技术指标进行测试,以此判断被测项技术指标是否符合规定的要求。

调试工作的主要内容有以下几点。
(1) 正确合理地选择和使用测试所需的仪器仪表。
(2) 严格按照调试工艺指导卡的规定,对单元电路板或整机进行调整和测试,完成后按照规定的方法紧固调整部位。
(3) 排除调整中出现的故障,并做好记录。
(4) 认真地对调试数据进行分析、反馈和处理,并撰写调试工作总结,提出改进措施。

对于简单的小型整机,如稳压电源、半导体收音机、单放机等,调试工作简便,一旦装配完成后,可以直接进行整机调试;而对于结构复杂、性能指标要求高的整机,调试工作先分散后集中,即通常可先对单元电路板进行调试,达到要求后再进行总装,最后进行整机调试。

对于大量生产的电子整机,如彩色电视机、手机等,调试工作一般在流水作业装配线上按照调试工艺卡的规定进行。比较复杂的大型设备,根据设计要求,可在生产厂进行部分调试工作或粗调,然后在总装场地或实验基地按照技术文件的要求进行最后的安装及全面调试。

11.2.2 调试工艺文件的编制

调试工艺文件编制得是否合理,直接影响到电子产品调试工作效率的高低和质量的好坏。

1. 编制调试工艺文件的基本原则

(1) 根据产品的规格、等级、使用范围和环境,确定调试的项目及主要性能指标。

(2) 在系统理解和掌握产品性能指标要求和工作原理的基础上,确定调试的重点、具体方法和步骤。调试方法要简单、经济、可行和便于操作;调试内容要具体、细致;调试步骤应具有条理性;测试条件要详细、清楚;测试数据要尽量表格化,便于查看和综合分析。

(3) 充分考虑各个元器件之间、电路前后级之间、部件之间等的相互牵连和影响。

(4) 要考虑到现有的设备条件、调试人员的技术水平,使调试方法、步骤合理可行,操作安全方便。

(5) 尽量采用新技术、新元器件(如免调试元器件、部件等)、新工艺,以提高生产效率及产品质量。

(6) 调试工艺文件应在样机调试的基础上制定,既要保证产品性能指标的要求,又要考虑现有工艺装备条件和批量生产时的实际情况。

(7) 充分考虑调试工艺的合理性、经济性和高效率,保证调试工作顺利进行,提高可靠性。

2. 调试工艺文件的基本内容

(1) 根据国际、国家或行业颁布的标准以及待测产品的等级规格具体拟定的调试内容。

(2) 调试所需的各种测量仪器仪表、工具等。

(3) 调试方法及具体步骤。

(4) 调试所需的数据资料及图表。

(5) 调试接线图和相关资料。

(6) 调试条件与有关注意事项。

(7) 调试工序的安排及所需人数。

(8) 调试安全操作规程。

11.2.3 调试仪器仪表的选配与使用

1. 调试仪器仪表的选配原则

(1) 在保证产品调整、测试性能指标范围的前提下,应选用要求低、结构简单、通用性强的仪器仪表。

(2) 一般要求选用测试仪器的工作误差小于被测参数的 1/10。

(3) 仪器仪表的测量范围和灵敏度应符合被测参数的数值范围。

(4) 正确选择测量仪器输入阻抗,做到不改变被测电路的工作状态或者接入被测电路后所产生的测量误差要在允许范围之内。

(5) 调整、测试仪器的适用频率范围(或频率响应)应符合被测电量的频率范围(或频率响应)。

2. 调试仪器仪表的组成及使用

一般通用电子仪器只具有一种或几种功能,要完成某一种电子整机的测试工作,往往需要多台仪器、附件或辅助设备等组成一个调整、测试系统。例如,测试电视机伴音功放的输出功率,需要配置低频信号发生器、示波器、毫伏表、失真度仪等仪器,以便组成一个测试系统。

想一想:调试仪器仪表的布置和接线需注意哪些问题?

(1) 调整、测试线上所用仪器仪表,都应经过计量并在有效期内。

(2) 仪器仪表应按照"下重上轻"的原则放置,布置应便于操作和观察,做到调节方便、舒适、灵活、视差小。

(3) 仪器仪表应统一接地,并与待调试件的地线相连,且接线要最短。

(4) 为了保证测量精度,应满足测量仪器仪表的使用条件。对于需要预热的仪器仪表,开始使用时应达到规定的预热时间。

(5) 仪器仪表在通电前要检查机械校零,通电后要进行电调零。在调整、测试过程中,要选择合适的量程,对于指针式仪器仪表,应尽可能使指针位于满刻度的 $1/2 \sim 2/3$ 之间的区域。

(6) 对于高灵敏度的仪器仪表(如毫伏表、微伏表等),应使用屏蔽线连接仪器仪表与待测件。操作过程中,应先接地端,后接高电位端。取下时按相反的顺序进行,以免人体感应电压打弯表头指针。

(7) 对于高增益、弱信号或高频的测量,应注意不要将被测件的输入与输出接线靠近或交叉,以免引起信号的窜扰及寄生振荡,造成测量误差。

11.2.4 调试工作的一般程序

调试工作遵循的一般规律如下。

(1) 先调试部件,后调试整机。

(2) 先内后外。

(3) 先调试结构部分,后调试电气部分。

(4) 先调试电源,后调试其余电路。

(5) 先调试静态指标,后调试动态指标。

(6) 先调试独立项目,后调试相互影响的项目。

(7) 先调试基本指标,后调试对质量影响较大的指标。

1. 电源调试

通常应先置电源开关于"OFF"位置，检查电源变换开关是否符合要求(交流 220V 还是交流 110V)、保险丝是否装入、输入电压是否正确，然后插上电源开关插头，打开电源开关通电。

接通电源后，电源指示灯亮，此时应注意有无放电、打火、冒烟现象，有无异常气味。若有这些现象，立即停电检查。另外，还应检查各种保险开关、控制系统是否起作用，各种散热系统是否正常工作。

电源调试通常在空载状态下进行，切断该电源的一切负载后进行初调。其目的是避免因电源电路未经调试带负载，容易造成部分电子元器件的损坏。调试时，接通电源电路板的电源，测量有无稳定的直流电压输出，其值是否符合设计要求，或调节取样电位器使电源电压达到额定值。测试检测点的直流工作点和电压波形，检查工作状态是否正常，有无自激振荡等。

空载调试正常后，电源加负载进行细调。在初调正常的情况下，加上定额负载，再测量各项性能指标，观察是否符合设计要求。当达到要求的最佳值时，锁定有关调整元器件(如电位器等)，使电源电路具有加负载时所需的最佳功能状态。

2. 单元电路板调试

电源电路调好后，可以进行其他电路的调试，这些电路通常按单元电路的顺序，根据调试的需要及方便，由前到后或由后到前地依次接通各部件或印制电路板的电流，分别进行调试。首先检查和调整静态工作点，然后进行各参数的调整，直到各部分电路均符合技术文件规定的各项指标为止。

3. 整机调试

各单元电路、部件调试好后，接通所有的部件及印制电路板的电源，进行整机调整。检查各部分连接有无影响以及机械结构对电气性能的影响等，整机电路调整好后，调试整机总电流和消耗功率。

11.2.5　整机调试的一般工艺流程

整机调试是在单元部件调试的基础上进行的。单元部件的调试是整机总装和调试的前提，其调试质量直接影响到产品质量和生产效率，它是整机生产过程中的一个重要环节。

1. 单元电路板调试的一般工艺流程

小型电子整机或单元电路板调试的一般工艺流程如图 11-1 所示。

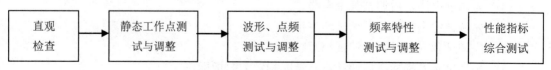

图 11-1　小型电子整机或单元电路板调试的一般工艺流程

1) 直观检查

单元电路板通电调试之前，应先检查印制电路板上有无元器件插错、漏焊、拉丝焊和引脚相碰短路等情况。检查无误后，方可通电。

2) 静态工作点测试与调整

静态工作点是电路正常工作的前提。因此，电路通电后，首先应测试静态工作点。

测试时，可以通过测量电压，再根据阻值计算出直流电流的大小。也有些电路为了测试方便，在印制电路板上预留有测试用的断点(工艺开口)，用电流表调试、测出电流数值后，再用焊锡封好开口。

想一想：如果印制电路板上预留的工艺开口未锡封会怎样？

对于分立元器件的收音机电路，调整静态工作点就是调整晶体管的偏置电阻(通常调上偏置电阻)，使它的集电极电流达到电路设计要求的值。调整顺序一般是从最后一级的功放开始，逐级往前调整。

集成电路的静态工作点与晶体管不同。集成电路能否正常工作，一般是看各引脚对地直流电压是否正确。因此，只要测量出各引脚对地的电流电压值，然后与正常数值进行比较，即可判断静态工作点是否正常。

3) 波形、点频测试与调整

静态工作点正常以后，便可以进行波形、点频(固定频率)的调试。电子产品需要进行波形、点频的测试与调整的单元部件较多。

4) 频率特性测试与调整

频率特性指当输入信号电压幅度恒定时，电路的输出电压随输入信号频率而变化的特性，它是发射机、接收机等电子产品的主要性能指标。例如，收音机中频放大器的频率特性，将决定收音机选择性的好坏；电视接收机高频调谐器及中频通道的频率特性，将决定电视机图像质量的好坏；示波器 Y 轴放大器的频率特性制约了示波器的工作频率范围。

频率特性的测量方法一般有点频法和扫频法两种，在单元电路板的调试中一般采用扫频法，调试中应严格按工艺指导卡的要求进行频率特性的测试与调整。

扫频法测量是利用扫频信号发生器实现频率特性的自动和半自动测试。因为信号发生器的输出频率是连续扫描的，因此，扫频法简洁、快速，而且不会漏掉被测频率特性的细节。但是，用扫频法测出的动态特性与用点频法测出的静态特性相比，存在一定的测量误差。所以，应按技术文件的规定选择测量方法。

5) 性能指标综合测试

单元电路板经静态工作点、波形、点频以及频率特性等项目调试后，还应进行性能指标的综合测试。不同类型的单元电路板其性能指标不同，调试时应根据具体要求进行，确保用合格的单元电路板提供给整机进行总装。

2. 整机产品调试的一般工艺流程

整机调试是一个循序渐进的过程，其原则是：先外后内；先调结构部分，后调电气部分；先调独立项目，后调存在相互影响的项目；先调基本指标，后调对质量影响较大的指标。

整机调试的工艺流程根据整机的不同性质可分为整机产品调试和样机调试两种不同的形式。

整机产品调试的一般工艺流程如图 11-2 所示。

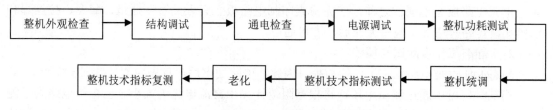

图 11-2　整机产品调试的一般工艺流程

1) 整机外观检查

检查项目因产品的种类、要求不同而不同，具体要求可按工艺指导卡进行。例如收音机，一般检查天线、紧固螺钉、电池弹簧、电源开关、调谐指示、按键、旋钮、四周外观、机内有无异物等项目。

2) 结构调试

电子产品是机电一体化产品，结构调整的目的是检查整机装配的牢固性和可靠性以及机械传动部分的调节灵活和到位情况等。

3) 整机功耗测试

整机功耗测试是电子产品的一项重要技术指标。测试时常用调压器对待测整机按额定电源电压供电，测出正常工作时的电流和电压，两者的乘积即整机功耗。如果测试值偏离设计要求，说明机内存在故障隐患，应对整机进行全面检查。

4) 整机统调

调试好的单元电路装配成整机后，其性能参数会受到不同程度的影响。因此，装配好整机后应对其单元电路板再进行必要的调试，从而保证各单元电路板的功能符合整机性能指标的要求。

5) 整机技术指标测试

对已调试好的整机应进行技术指标测试，以判断它是否达到设计要求的技术水平。不同类型的整机有不同的技术指标，其测试方法也不尽相同。必要时应记录测试数据，分析测试结果，写出调试报告。

6) 老化

老化是模拟整机的实际工作条件，使整机连续长时间试验，使部分产品存在的故障隐患暴露出来，避免带有隐患的产品流入市场。

7) 整机技术指标复测

经整机通电老化后，由于部分元器件参数可能发生变化，造成整机某些技术性能指标发生偏差，通常还需要进行整机技术指标复测，使出厂的整机具有最佳的技术状态。

11.2.6　故障的查找与排除

1. 故障查找与排除的步骤

故障查找与排除的一般步骤如下。

(1) 了解故障现象。被调部件、整机出现故障后，首先要进行初检，了解故障现象及故障发生的经过，并做好记录。

(2) 故障分析。根据产品的工作原理、整机结构以及维修经验正确分析故障，查找故障的部位和原因。查找要有一个科学的逻辑程序，按照程序逐次检查。其一般程序是：先外后内，先粗后细，先易后难，先常见现象后罕见现象。在查找过程中尤其要重视供电电路的检查和静态工作点的测试，因为正常的电压是所有电路工作的基础。

(3) 处理故障。对于线头脱落、虚焊等简单故障可直接处理。而对有些需拆卸部件才能修复的故障，必须做好处理前的准备工作，如做好必要的标记或记录，准备好需要的工具和仪器等，避免拆卸后不能恢复或恢复出错，造成新的故障。在故障处理过程中，对于需要更换的元器件，应使用原规格、原型号的元器件或者性能指标优于故障件的同类型元器件。

(4) 部件、整机的复测。修复后的部件、整机应进行重新调试，如修复后影响前道工序的测试指标，则应将修复件从前一道工序起按调试工艺流程重新调试，使其各项技术指标均符合规定要求。

(5) 修理资料的整理归档。

2. 故障查找与排除的方法和技巧

1) 直观检测法

直观检测法就是通过人的眼、手、耳、鼻等来发现电子产品的故障所在。这是最简单的一种检测方法，也是对故障机的一种初步检测，不需要任何仪器仪表。直观检测法有以下四种：①观察法；②触摸法；③听音法；④气味法。

2) 电阻检测法

电阻检测法就是利用万用表的电阻挡(欧姆挡)，通过测量所怀疑的元器件的阻值，或元器件的引脚与共用地端之间的电阻值，将测出的电阻值与正常值进行比较，从中发现故障所在的检测方法。

电阻测量法对开路性和短路性故障的检修非常有效，分为在线测量和离线测量两种情况。

注意：①必须了解被测点的参考电阻值；②测量值与参考值的比较；③测量数据的判断。

电阻测量法适用范围：①元器件质量的检验；②负载的检测，如是否开路、短路。

3) 电压检测法

电压检测法是指用万用表的电压挡测量电路电压、元器件的工作电压并与正常值进行比较，以判断故障所在的检测方法。电压检测法有以下两种：①交流电压检测法；②直流电压检测法。

① 交流电压检测法如图 11-3 所示。

② 直流电压检测法常见的测试点有电源、晶体管的各电极、集成电路的引脚等。

4) 直流电流检测法

直流电流检测法是指用万用表的电流挡去检测电子电路的整机电流、单元电路的电流、某一回路的电流、晶体管的集电极电流以及集成电路的工作电流等，并与其正常值进行比较，从中发现故障所在的检测方法。电流检测法比较适用于由于电流过大而出现烧坏保险管、烧坏晶体管、使晶体管发热、电阻器过热以及变压器过热等故障的检测。

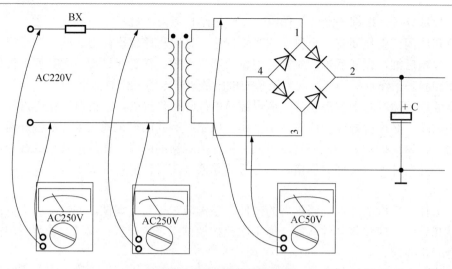

图 11-3　交流电压检测法

检测电流时需要将万用表串联到电路中,故给检测带来一定的不便。但有的印制电路板为方便检测与维修,在设计时已预留有测试口,只要临时焊开便可测试电流的大小,测量完毕再焊好就行了。对于印制电路板上没有预留测试口的,在进行测量时则必须选择合适的部位,用小刀将其印制导线划出缺口再进行测试。

① 直接测量电流,如图 11-4 所示。
② 间接测量电流,如图 11-5 所示。

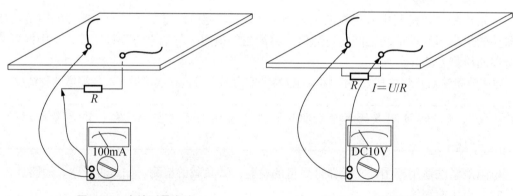

图 11-4　直接测量电流　　　　　　图 11-5　间接测量电流

电流的检测还可以采用间接测量即先通过测量电压的大小,再应用欧姆定律进行换算,便可得到电流值。

5) 示波器检测法

用示波器测量出电路中关键点波形的形状、幅度、宽度及相位,与维修资料给出的标准波形进行比较,从中发现故障所在,这种方法称为示波器检测法。

注意:必须了解测试点的准确波形,同时要注意示波器的正确、使用。

6) 替代法

替代法就是用好的元器件去替代所怀疑的元器件的检测方法。如果故障被排除,表明所怀疑的元器件就是故障件。

> **注意**：如果换上新元器件后故障仍未排除，要将原来的元器件重新换回来；如果无法找到同型号的新元器件，可以用其他型号产品代用，这时一定要注意代用元器件的参数必须符合电路的要求；注意不要频繁代换。

7) 信号注入法

信号注入法是将一定频率和幅度的信号逐级输入到被检测的电路中，或注入可能存在故障的有关电路，然后再通过电路终端的发音设备或显示设备(扬声器、显像管)以及示波器、电压表等反映的情况，做出逻辑判断的检测方法。在检测中哪一级没有通过信号，故障就在该级单元电路中。图 11-6 所示为收音机检测时采用的信号注入法。

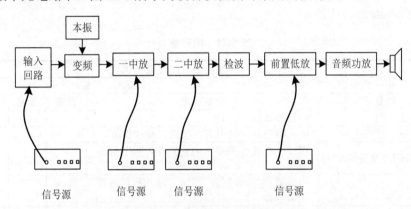

图 11-6　信号注入法示意图

8) 干扰注入法

干扰注入法是指在业余的情况下，往往没有信号源一类专门的仪器，这时可以将干扰信号当作一种信号源去检测故障机的方法。

9) 短路法

短路法与信号注入法正好相反，是把电路中的交流信号对地短路，或是对某一部分电路短路，从中发现故障所在的检测方法。

短路法有两种，一种是交流短路法，另一种是直流短路法，常用的是交流短路法。

10) 开路法

开路法是将电路中被怀疑的电路和元器件开路处理，让其与整机电路脱离，然后观察故障是否还存在，从而确定故障部位所在的检查方法。开路法主要用于整机电流过大等短路性故障的排除。

11.3　任务实施

11.3.1　调试仪器仪表的选用

(1) 指针型和数字型万用表的使用。
(2) 模拟型和数字型示波器的使用。

（3） 晶体管毫伏表的使用。
（4） 高频信号发生器、函数信号发生器的使用。

11.3.2　电路的分析与调试

（1） 单元电路的分析与调试。
（2） 整机电路的分析与调试。
（3） 电路故障的查找与排除。

11.4　任 务 检 查

任务检查单如表 11-1 所示。

表 11-1　检查单

学习情境五		声光控开关的组装与调试			
任务 11	电子整机调试工艺		学时		
序号	检查项目	检查标准	自查	互查	教师检查
1	训练问题	回答得认真、准确			
2	调试仪器的选用	能正确选择和使用调试仪器，操作规范			
3	调试工艺文件的编制	调试工艺文件的基本内容完整，编制规范合理			
4	电路调试	电路原理分析清楚，调试方法和程序选择正确合理			
5	仪器工具的使用情况	使用方法正确，仪器工具选择合理			
6	规范、安全操作	是否安全操作，是否符合 6S 标准			
检查评价	班级		第　　组	组长签字	
	教师签字		日期		
	评语：				

任务 12　声光控开关的组装与调试

12.1　任 务 描 述

12.1.1　任务目标

（1） 通过对声光控开关的调试与排故，深刻理解电子产品调试的目的与要求，掌握电子产品的基本调试方法。
（2） 通过对声光控开关的组装，更加熟练地掌握电子整机安装的工艺。
（3） 在工作过程中学习声光控开关的组装与调试技术，提高对电子产品故障判别与检修的能力，为今后从事电子专业方面的工作奠定基础。
（4） 培养学生团队合作、一丝不苟的精神。

12.1.2 任务说明

通过声光控开关的组装与调试训练，使学生掌握电子产品的调试、电子产品的故障判别与检修等技能，提高学生为完成工作任务实施操作及检查评价的专业能力和采集任务相关信息对工作任务进行计划与决策的方法能力，具体任务要求如下：

(1) 理解声光控开关的电路组成结构及工作原理。
(2) 学会对单元电路、整机电路的分析与调试。
(3) 学会对电路中关键结点、关键元器件的排查与测试。
(4) 能根据故障现象分析查找原因，进而排除故障。

12.2 任务资讯

12.2.1 声光控开关的电路组成

1. 电路结构框图

声光控开关的电路结构框图如图 12-1 所示。

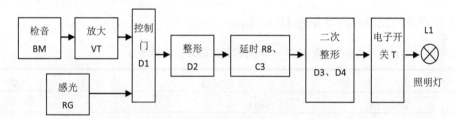

图 12-1 声光控开关的电路框图

2. 电路原理图

声光控开关的电路原理图如图 12-2 所示。

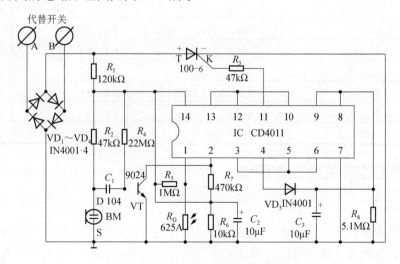

图 12-2 声光控开关的电路原理图

3. PCB 图

声光控开关的 PCB 图如图 12-3 所示。

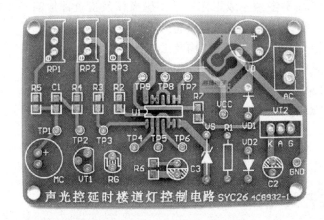

图 12-3　声光控开关的 PCB 图

4. 元器件清单

声光控开关的元器件清单如表 12-1 所示。

表 12-1　声光控开关的元器件清单

序　号	名　称	型号规格	标 注 号	数　量
1	集成电路	CD4011	IC	1
2	单向可控硅	100-6	T	1
3	三极管	9014	VT	1
4	整流二极管	1N4001	VD1～VD5	4
5	驻极体	54±2Db	BM	1
6	光敏电阻	625A	RG	1
7	电阻器	10k、120k	R6、R1	2
8	电阻器	47k	R2、R3	2
9	电阻器	470k、1MΩ	R7、R5	2
10	电阻器	2.2MΩ、5.1MΩ	R4、R6	各 1
11	瓷片电容	104μF	C1	1
12	电解电容	10μF/10V	C2、C3	2

12.2.2　声光控开关的工作原理

1. 功能描述

用声光控延时开关代替住宅小区的楼道上的开关，只有在天黑以后，当有人走过楼梯通道，发出脚步声或其他声音时，楼道灯会自动点亮，提供照明，当人们进入家门或走出公寓，楼道灯延时几分钟后会自动熄灭。在白天，即使有声音，楼道灯也不会亮，可以达到节能的目的。

2. 工作原理

二极管 VD1～VD4 将交流 220V 进行桥式整流，变成脉动直流电，又经 R1 降压，C2 滤波后即为电路的直流电源，为 BM、VT、IC 等供电。

声音信号(脚步声、掌声等)由驻极体话筒 BM 接收并转换成电信号，经 C1(容量较小，对击掌脉冲音频信号比较敏感)耦合到 VT 的基极进行电压放大，输入的负脉冲信号使 VT 的集电极电位升高(送到与非门 D1 的 2 脚)，R4、R7 是 VT 偏置电阻和集电极负载电阻，C2 是电源滤波电容。

为了使声光控开关在白天开关断开，即灯不亮，由光敏电阻 RG 等元器件组成光控电路，R5 和 RG 组成串联分压电路，夜晚环境无光时，光敏电阻的阻值很大，RG 两端的电压高(即为高电平)。改变 R8 或 C3 的值，可改变延时时间，满足不同的目的。D3 和 D4 构成两级整形电路，将方波信号进行整形。当 C3 充电到一定电平时，信号经与非门 D3、D4 后输出为高电平，使单向可控硅导通，电子开关闭合；C3 充满电后只向 R8 放电，当放电到一定电平时，经与非门 D3、D4 输出为低电平，使单向可控硅截止，电子开关断开，完成一次完整的电子开关由开到关的过程。

12.3 任 务 实 施

12.3.1 元器件的选择

1. IC 的选择

IC 选用 CMOS 数字集成电路 CD4011，其里面含有四个独立的与非门。内部结构如图 12-4 所示，V_{SS} 是电源的负极，V_{DD} 是电源的正极。

2. 单向可控硅的选择

单向可控硅 T 选用 1 A / 400V 的进口单向可控硅 100-6 型，如负载电流大可选用 3A、6A、10A 等规格的单向可控硅，单向可控硅的外形如图 12-5 所示，它的测量方法是：用 R×1Ω 挡，将红表笔接可控硅的负极，黑表笔接正极，这时表针无读数，然后用黑表笔触一下控制极 K，这时表针有读数，黑表笔马上离开控制极 K，这时表针仍有读数(注意触碰控制极时正负表笔是始终连接)，说明该可控硅是完好的。

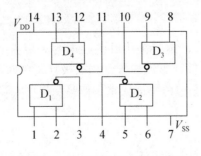

图 12-4　CD4011 内部结构图

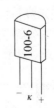

图 12-5　单向可控硅

3. 驻极体的选择

驻极体选用的是一般收录机用的小话筒，如图 12-6 所示。驻极体的测量方法是：用 R×100Ω 挡将红表笔接外壳的 S、黑表笔接 D，这时用口对着驻极体吹气，若表针有摆动，说明该驻极体完好，摆动越大，灵敏度越高。

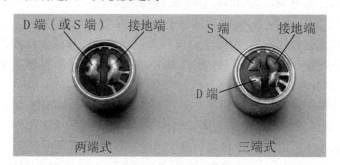

图 12-6　驻极体的外形

4. 光敏二极管的选择

光敏二极管选用的是 625a 型，如图 12-7(a)所示。有光照射时其电阻为 20kΩ 以下，无光时电阻值大于 100MΩ，说明该光敏电阻是完好的。

5. 其他器件的选择

二极管采用普通的整流二极管 1N4001～1N4007，如图 12-7(b)所示。

晶体三极管 VT 采用 9014 低频管，如图 12-7(c)所示。VT 放大倍数越大，灵敏度越高。

(a) 光敏二极管　　　　(b) 二极管　　　　(c) 晶体三极管

图 12-7　其他器件

12.3.2　电路组装

焊接时注意先焊接无极性的阻容元件，电阻采用卧装，电容采用直立装，紧贴电路板，焊接有极性的元器件如电解电容、话筒、整流二极管、三极管、单向可控硅等元器件时，千万不要装反，注意极性的正确，否则电路不能正常工作甚至损坏元器件。

12.3.3　电路调试

调试前，先将焊好的电路板对照印刷电路图认真核对一遍，不要有错焊、漏焊、短路、元器件相碰等现象发生。通电后，人体不允许接触电路板的任一部分，防止触电，注意安全。

电路的具体调试如下。

(1) 声控调试。先将光敏电阻用黑色防水胶布遮住,将 a、b 分别接在电灯的开关位上,用手轻拍驻极体,这时灯应亮。

(2) 光控调试。将黑色防水胶布揭开,用光照射光敏电阻,再用手重拍驻极体,这时灯不亮;再将光敏电阻用黑色防水胶布遮住,灯亮,说明光控性能完好。

(3) 开关延时调试。调节 C3 或 R8,测试开关的延时特性。

若调试不成功,需仔细检查有无虚假错焊和拖锡短路等现象;测量各关键节点的电位并与正常值相比较。

12.4 任务检查

任务检查单如表 12-2 所示。

表 12-2 检查单

学习情境五		声光控开关的组装与调试			
任务 12	声光控开关的组装与调试		学时		
序号	检查项目	检查标准	自查	互查	教师检查
1	训练问题	回答得认真、准确			
2	电路图的识读	明确声光控开关的工作原理;正确理解原理图、PCB 图、装配图			
3	声光控开关的组装	明确组装流程,操作规范,组装符合工艺要求			
4	声光控开关的调试	对声控、光控,开关响应正常			
5	声光控开关的检修	能分析故障原因,及时排除电路故障			
6	仪器工具的使用情况	使用方法正确,仪器工具选择合理			
7	规范、安全操作	是否安全操作,是否符合 6S 标准			
检查评价	班级		第 组	组长签字	
	教师签字		日期		
	评语:				

学习情境五 成果评价

成果评价单如表 12-3 所示。

表 12-3 评价单

学习领域			电子产品的组装与调试			
学习情境五		声光控开关的组装与调试			学时	
评价类别	项目		子项目	学生自评	学生互评	教师评价
专业能力(70%)	资讯(10%)		搜集信息			
			引导问题回答			
	计划(10%)		计划可执行度			
			材料工具安排			
	实施(20%)		电子整机调试			
			电子产品的故障查找与排除			
			声光控开关的组装与调试			
	检查(10%)		全面性、准确性			
			故障的排除			
	过程(10%)		操作过程规范性			
			操作过程安全性			
			工具和仪表使用管理			
	结果(10%)		声光控开关的功能质量			
社会能力(20%)	团结协作(10%)		小组成员合作状况			
			对小组的贡献			
	敬业精神(10%)		学习纪律性、独立工作能力			
			爱岗敬业、吃苦耐劳精神			
方法能力(10%)	决策能力(5%)					
	计划能力(5%)					
评价	班级		姓名	学号	总评	
	教师签字		第 组	组长签字	日期	
	评语：					

小　　结

(1) 电子整机产品经装配准备、部件装配、整机装配后，都需要进行调试，使产品达到设计文件所规定的技术指标和功能。同时，在产品生产过程中，要按照有关技术文件和工艺规程，做好对原材料、元器件、零部件、整机的检验工作，确保提供给用户的是符合质量指标和要求的合格产品。

(2) 调试工作的一般程序包括电源调试、单元电路板调试、整机调试等。

(3) 小型电子整机或单元电路板调试的一般工艺流程如下图所示。

(4) 声光控开关的工作原理。

二极管 VD1~VD4 将交流 220V 进行桥式整流，变成脉动直流电，又经 R1 降压，C2 滤波后即为电路的直流电源，为 BM、VT、IC 等供电。

为了使声光控开关在白天开关断开，由光敏电阻 RG 等元件组成光控电路，R5 和 RG 组成串联分压电路，夜晚环境无光时，光敏电阻的阻值很大，RG 两端的电压高(即为高电平)。改变 R8 或 C3 的值，可改变延时时间，满足不同的目的。D3 和 D4 构成两级整形电路，将方波信号进行整形。当 C3 充电到一定电平时，信号经与非门 D3、D4 后输出为高电平，使单向可控硅导通，电子开关闭合；C3 充满电后只向 R8 放电，当放电到一定电平时，经与非门 D3、D4 输出为低电平，使单向可控硅截止，电子开关断开，完成一次完整的电子开关由开到关的过程。

(5) 声光控开关的组装与调试包括元器件的选择、电路组装、电路调试等。

思考练习五

1. 电子产品为什么要进行调试？调试工作的主要内容是什么？
2. 电子产品调试与测试的一般顺序是什么？
3. 排除电子产品故障时应该遵循什么原则？
4. 对电路进行电压测量时，一般选哪些作为电压参考点？
5. 排除电子产品故障常用哪些方法？
6. 万用表分为哪几类？常用于测量哪些参数？
7. 示波器主要用于测量哪些参数？简述用示波器测量正弦波信号的频率、周期、幅度的基本方法。
8. 用 IC 74LS00 来替换 CD4011 时应注意什么问题？
9. 如何调节声光控灯开关灯点亮的时间？
10. 某单元楼梯路灯采用声光控开关，晚上上楼梯时，轻吼一声灯不亮，而用钥匙敲击楼梯金属扶手时灯亮，试分析该声光控开关可能存在的故障原因。

学习情境六 四路红外遥控装置的组装与调试

学习情境六实施概述

教学方法	教学资源、工具、设备
任务驱动教学法、引导文法、案例教学法、实验演示法	① 双踪示波器、函数信号发生器、万用表、晶体管毫伏表； ② 多媒体； ③ 常用电工工具； ④ 教学网站

教学实施步骤		
工作过程	工作任务	教学组织
资讯	① 学生情况：掌握四路红外遥控装置的基本工作原理及应用；在工作过程中学习四路红外遥控装置的安装与调试技术。 ② 任务分析：教师通过四路红外遥控装置的展示与介绍，引导学生初步了解电子产品的质量认证体系，学习工艺文件的编制方法，进一步掌握电子产品的调试方法和故障检修能力，为今后从事电子专业方向的工作打好基础。 ③ 以案例教学法把学生带入情境之中	① 教师分组布置学习任务、提出任务要求； ② 建议采用引导法、演示法、案例法进行教学。每个小组独立检索与本工作任务相关的资讯
计划	在完成"任务资讯"部分学习后，分析自己现有的知识与技能，衡量自己是否具有完成本任务的条件。如果具备，根据学习情境六的要求制订实施计划包括工艺文件的编制、元器件选择与检测、PCB 组装、整机安装与调试、故障检测与排除、工作任务完成时限、工作所需工具设备等，具体要求如下： ① 根据对四路红外遥控装置的组装与调试工作任务的分析及领会，制订工作计划； ② 确定小组成员分工； ③ 明确阶段成果及检查的项目	学生在教师的指导下集思广益，各抒己见，制订多种工作计划
决策	对已制订的多个计划： ① 分析实施可操作性； ② 分析工作条件的安全性； ③ 确定工艺文件的编制方法； ④ 确定整机安装与调试方法； ⑤ 确定产品的质量检测方法	学生在教师的指导下，在已制订的多个计划中，选出最切实可行的计划，决定实施方案

续表

工作过程	工作任务	教学组织
实施	① 教师用案例教学法讲解、分析电路原理； ② 教师介绍电路元器件的选择与检测，按实验演示法授课； ③ 学生进行四路红外遥控装置的组装训练； ④ 教师以"教学做"一体化模式介绍四路红外遥控装置的调试、排故方法； ⑤ 学生进行四路红外遥控装置的调试与质量检测	① 学生填写材料、工具清单； ② 学生在教师的指导下完成四路红外遥控装置的组装； ③ 学生在教师的指导下完成四路红外遥控装置的调试与质量检测
检查	实施完毕，对成果先进行小组自查，然后小组之间互查，最后教师检查，提出整改意见，检查学生的自主学习能力	小组自查→小组之间互查→教师检查
评价	实施完毕，对成果进行评价，包括小组自评，小组互评，教师点评，并给出本学习情境的成绩	小组自评→小组互评→教师总结评价结果
教学反馈	通过本学习情境的学习，学生能否掌握知识点和技能点；运用"教学做"一体化模式，学生能否学会四路红外遥控装置的组装与调试等	通过教学反馈，使教师了解学生对本学习情境工作任务的掌握情况，为教师教学、教研教改提供依据

任务 13　电子产品质量管理与认证

13.1　任　务　描　述

13.1.1　任务目标

(1) 了解现代企业质量管理体系。
(2) 了解电子产品的各种认证制度。
(3) 在工作学习中培养现代企业质量管理的意识和方法。

13.1.2　任务说明

为保证产品质量，对电子产品质量管理与认证是电子产品出厂前必须进行的，作为无线电装接、调试工，也应具备这些知识。具体任务要求如下。
(1) 了解电子产品制造工艺程序与管理。
(2) 能描述 IPC-A-610D 标准(电气和电子组装件的焊接技术要求)、ISO 9000 质量体系认证。
(3) 熟悉 CCC 认证对涉及的产品执行国家强制的安全认证，了解 GS 认证、ICE。

13.2 任务资讯

13.2.1 电子产品的质量特征

(1) 性能。
(2) 可靠性。
(3) 安全性。
(4) 适应性。
(5) 经济性。
(6) 时间性。

13.2.2 电子产品生产过程中的全面质量管理

1. 设计过程的质量管理

(1) 做好资料收集和市场调研。
(2) 制定最佳方案。
(3) 试验设计方案。
(4) 设计方案评审。

2. 试制过程的质量管理

(1) 制定样机试制计划、试制进度时间表。
(2) 对样机反复试验，及时解决试验中出现的问题，对设计与工艺方案进行修改。
(3) 组织权威机构的专家和用户对产品进行技术鉴定。
(4) 组织小批量生产。
(5) 按照生产定型条件，组织产品鉴定。
(6) 制定产品技术标准、技术文件，取得产品监督检查机构的鉴定合格证书，完成产品质量检测手段。
(7) 一般情况下，不能采取边设计、边试制、边生产的突击方式。

3. 制造过程的质量管理

(1) 各工序、各工种、制造中的各个环节都需要设置质量检验，严格把关。
(2) 统一计量标准，对各类测量工具、仪器仪表定期进行计量检定，及时维修保养。
(3) 严格执行生产工艺要求。
(4) 加强人员的素质培养。
(5) 加强其他生产辅助部门的管理。

13.2.3 电子产品质量检验

电子产品质量检验是借助某些技术手段和方法，测试电子产品的质量特性，并与既定的技术比较做出是否合格的判断。电子产品在出厂前往往需进行一系列的环境试验。

1. 机械试验

不同的电子产品,在运输和使用过程中会不同程度地受到震动、冲击、离心加速度以及碰撞、摇摆、静力符合、爆炸等机械力的作用,这种机械应力可能使电子产品内部元器件的电气参数发生变化甚至损坏。机械试验的项目主要如下。

1) 振动试验

振动试验用来检查产品经受振动的稳定性。振动试验机如图 13-1 所示。

2) 冲击试验

冲击试验用来检查产品经受非重复性机械冲击的适应性。其方法是将样品固定在电动冲击振动台上,用于一定的频率,分别在产品的不同方向冲击若干次,冲击后检查其主要技术指标是否仍符合要求,有无机械损伤。电动冲击振动后如图 13-2 所示。

图 13-1　振动试验机

图 13-2　电动冲击振动台

3) 离心加速度试验

离心加速度试验主要用来检查产品结构的完整性和可靠性。离心加速度试验机如图 13-3 所示。

图 13-3　离心加速度试验机

2. 气候试验

气候试验主要是温度和湿度的实验,常见的几种温度、湿度实验箱如图 13-4 所示。

3. 运输试验

运输实验是检验产品对包装、存储、运输环境条件适应能力。运输试验可以在模拟运输振动的试验台上进行，也可以进行直接行车试验。图 13-5 所示为几种模拟运输振动试验台。

(a) 温度冲击试验箱(ALT)

(b) 温度湿度实验箱

(c) 高低温(交变)试验箱

(d) 湿热试验箱

(e) 高低温湿热(交变)试验箱

图 13-4　几种温度、湿度实验箱

(a) 模拟汽车运输振动试验台试验机

(b) ALWQ 模拟运输振动试验台

(c) 模拟运输振动台

图 13-5　几种模拟运输振动试验台

4. 特殊试验

特殊试验是检查产品适应特殊工作环境的能力。特殊试验包括烟雾试验、防尘试验、抗霉菌试验和辐射试验等。如图 13-6 所示为几种特殊试验箱。

(a) ALST 盐水喷雾试验箱　　　(b) 防尘试验箱(标准型)　　　(c) 霉菌试验箱

(d) 盐水喷雾试验机　　　(e) 紫外灯耐气候试验箱

图 13-6　几种特殊试验箱

13.2.4　电子产品制造工艺管理

1. 工艺管理的基本任务

工艺管理贯穿于生产的全过程，是保证产品质量、提高生产效率、安全生产、降低消耗、增加效益、发展企业的重要手段。为了稳定提高产品质量、增加应变能力、促进科技进步，企业必须加强工艺管理，提高工艺管理水平。

工艺管理的基本任务是在一定的生产条件下，应用现代科学理论手段，对各项工艺工作进行计划、组织、协调和控制，使之按照一定的原则、程序和方法有效地进行工作。

2. 工艺管理人员的主要工作

1) 工艺发展计划的编制

① 为了提高企业的工艺水平，适应产品发展需要，各企业应根据全局发展规划、中远期和近期目标，按照先进与适用相结合、技术与经济相结合的方针，编制工艺发展规划，并制订相应的实施计划和配套措施。

② 工艺发展计划包括工艺技术措施规划(如新工艺、新材料、新装备和新技术攻关规划等)和工艺组织措施规划(如工艺路线调整、工艺技术改造规划等)。

2) 工艺技术的研究与开发

① 工艺技术的研究与开发是提高企业工艺水平的主要途径，是加速新产品开发、稳定提高产品质量、降低消耗、增加效益的基础。各企业都应该重视技术进步，积极开展工艺技术的研究与开发，推广新技术、新工艺。

② 为搞好工艺技术的研究与开发，企业应给工艺技术部门配备相应的技术力量，提供必要的经费和试验研究条件。

③ 企业在进行工艺技术的研究与开发工作时，应认真学习和借鉴国内外的先进科学技术，积极与高等院校和科研单位合作，并根据本企业的实际情况，积极采用和推广已有的、成熟的研究成果。

3) 产品生产的工艺准备

① 新产品开发和老产品改进的工艺调研。

② 产品设计的工艺性审查。

③ 工艺方案设计。

④ 成套工艺文件的设计和编制。

⑤ 工艺文件的标准化审查。

⑥ 工艺装备的设计与管理。

⑦ 工艺定额的编制。

⑧ 工艺质量评审。

⑨ 工艺验证。

⑩ 工艺总结和工艺整顿。

4) 生产现场工艺管理

① 生产现场工艺管理的基本任务是确保安全文明生产，保证产品质量，提高劳动生产率，节约材料和工时，降低能源消耗，改善劳动条件。

② 制定工序质量控制措施。

③ 进行定制管理。

5) 工艺纪律管理

工艺纪律管理的基本要求是严格工艺纪律。严格工艺纪律是加强工艺管理的主要内容，是建立企业正常生产秩序的保证。企业各级领导及有关人员都应该严格执行工艺纪律，并对职责范围内工艺纪律的执行情况进行检查和监督。

6) 工艺情报工作

① 掌握国内外新技术、新工艺、新材料、新装备的研究与使用情况。

② 从各种渠道收集有关的新工艺标准、图纸手册及先进的工艺规程、研究报告、成果论文和资料信息，进行加工和管理，开展服务。

7) 工艺标准化工作

① 制定推广工艺基础标准(术语、符号、代号、分类、编码及工艺文件的标准)。

② 制定推广工艺技术标准(材料、技术要素、参数、方法、质量控制与检验和工艺装备的技术标准)。

③ 制定推广工艺管理标准(生产准备、生产现场、生产安全、工艺文件、工艺装备和工艺定额的标准)。

8) 工艺成果的申报、评定和奖励

工艺成果是科学技术成果的重要组成部分，应该按照一定的条件和程序进行申报，经过评定审查，对在实际工作中做出创造性贡献的人员给予奖励。

9) 其他工艺管理措施

① 制定各种工艺管理制度并组织实施。

② 开展群众性的合理化建议与技术改进活动，进行新工艺和新技术的推广工作。

③ 有计划地对工艺人员、技术工人进行培训和教育，为他们更新知识、提高技术水平和技能提供必要的方便及条件。

3. 工艺管理的组织机构

企业必须建立权威性的工艺管理部门和健全、统一、有效的工艺质量管理体系。本着有利于提高产品质量及工艺水平的原则，结合企业的规模和生产类型，为工艺管理机构配备相应素质和数量的工艺技术人员。

4. 企业各有关部门的主要工艺职能

工艺管理是一项综合管理，在厂长和总工程师的直接领导下，各部门应该行使并完成各自的工艺职能，主要有以下几个方面。

(1) 设计部门应该保证产品设计的工艺性。

(2) 设备部门应该保证工艺设备经常处于完好状态。

(3) 能源部门应该保证按工艺要求及时提供生产需要的各种能源。

(4) 工具部门应该按照工艺要求提供生产需要的合格的工艺装备。

(5) 物资部门和采购部门应该按照工艺要求提供各种合格的材料、部件、配件和整件。

(6) 生产计划部门应该按照工艺要求均衡地安排生产。

(7) 检验和理化分析部门应该按照要求对生产过程中的产品质量进行检验和分析，并及时反馈有关质量信息。检验部门还应负责生产现场的工艺纪律监督。

(8) 计量和仪表部门应按照工艺文件的要求负责计量器具和监测仪表的配置，并保证量值准确。

(9) 质量管理部门应该负责对企业有关部门工艺职能的执行情况进行监督和考核，并与工艺部门和生产车间共同搞好工序质量控制。

(10) 基本建设部门应该按照工艺方案要求，负责厂房、车间的设计；设备部门应负责设备的布置与安装。

(11) 安全技术和环保部门应该负责工艺安全、工业卫生和环境保护措施的落实及监督。

(12) 情报和标准化部门应该根据生产工艺及时提供国内外工艺管理、工艺技术情报和标准，编辑有关工艺资料，制定或修订企业工艺标准，并负责宣传贯彻。

(13) 劳资部门应该按照生产需要配备各类生产人员，保证实现定人、定机、定工种。

(14) 财务和审计部门应该负责做好技术经济分析、技术改造和技术开发费用的落实、审计与管理工作。

(15) 教育部门应该负责做好专业技术培训和工艺纪律教育工作。

(16) 政工部门应该负责做好生产中的思想政治工作，保证各项任务的正常进行。

(17) 生产车间必须按照产品图纸、工艺文件和有关标准进行生产，做好定置管理和工序质量控制工作，严格执行现场工艺纪律。

13.2.5　电子产品工艺文件

1. 电子产品工艺文件的定义及其作用

1) 工艺文件的定义

按照一定的条件选择产品最合理的工艺过程,将实现这个工艺过程的程序、内容、方法、工具、设备、材料以及每一个环节应该遵守的技术规程,用文字的形式表示出来,称为工艺文件。

2) 工艺文件的作用

(1) 组织生产,建立生产秩序。
(2) 指导技术,保证产品质量。
(3) 编制生产计划,考核工时定额。
(4) 调整劳动组织。
(5) 安排物资供应。
(6) 管理工具、工装、模具。
(7) 是经济核算的依据。
(8) 巩固工艺纪律。
(9) 产品转厂生产时的交换资料。
(10) 各企业之间进行经验交流。

2. 电子产品工艺文件的分类

1) 基本工艺文件

基本工艺文件包括零件工艺过程、装配工艺过程、元器件工艺表、导线及加工表等。

2) 指导技术的工艺文件

指导技术的工艺文件主要包括专业工艺规程、工艺说明及简图、检验说明(方式、步骤、程序等)。

3) 统计汇编资料

统计汇编资料主要包括专用工装、标准工具、材料消耗定额和工时消耗定额。

4) 管理工艺文件用的格式

管理工艺文件用的格式包括工艺文件封面、工艺文件目录、工艺文件更改通知单和工艺文件明细表。

3. 工艺文件的成套性

中华人民共和国电子行业标准 SJ/T 10324—92 对工艺文件的成套性提出了明确的要求,分别规定了产品在设计定型、生产定型、样机试制或一次性生产时的工艺文件成套性标准。

整机类电子产品在生产性试制定型时至少具备下列几种工艺文件:工艺文件封面、工艺文件明细表、装配工艺过程卡片、自制工艺装备明细表、材料消耗工艺定额明细表和材料消耗工艺定额汇总表。

4. 电子工艺文件的计算机处理及管理

1) 计算机辅助处理电子工程图的基本过程
(1) 电子工程图素材输入。
(2) 电子工程图的处理。
(3) 电子工程图的输出。
2) 电子工程图的计算机辅助处理软件简介
(1) 通用的计算机辅助设计软件,如 AutoCAD 等。
(2) 电路设计 CAD 软件,如 Protel、OrCAD、PowerPCB 等。
(3) 电路设计自动化软件。
3) 工艺管理文件的电子文档
(1) 用文字处理软件编写各种企业管理和产品管理文件。
(2) 用表格处理软件制作各种计划类、财务类表格。
(3) 用数据库管理软件处理企业运作的各种数据。
编制上述各种文档的电子模板,使电子文档标准化。
4) 工艺文件电子文档的安全问题
(1) 必须认真执行电子行业标准 SJ/T 10629.5—1995《计算机辅助设计文件管里制度》,建立 CAD 设计文件的履历表,对每一份有效的电子文档签字、备案。
(2) 定期检查、确认电子文档的正确性,刻成光盘,存档备份。

13.2.6 电子产品认证

1. IPC-A-610D 标准

IPC-A-610 对所有的质检员、操作员和培训人员来说都具有很大的借鉴意义。D 版本中新增了超过 730 幅关于可接受性标准的插图,其清晰度和准确度都经过了改进。

IPC-A-610D《电子组件的可接受性》是目前全球范围内使用最广泛的电子组装标准。IPC-A-610D 用全彩照片和插图形象地罗列了电子组装行业通行的工艺标准,是所有质保和组装部门必备的法典。该标准涉及的领域涵盖无铅焊接、元器件极性和通孔的焊接标准、表面贴装和分立导线组件、机械组装、清洁、标记、涂覆以及层压板要求。

IPC-A-610D 是关于组装好的线路板的验收标准,教你如何从外观判断 PCB 是否可以接受。IPC-A-610D 是针对印制电路板组件可接受性的标准,是电子行业内最为广泛使用的检验标准。在国际上,该标准是用来规范最终产品可接受级别和高可靠性电路板组件的宝典。目前,在新增了无铅内容并翻译成多国语言后,IPC-A-610D 受到了全球 OEM 和 EMS 公司的热烈欢迎。

数年来,IPC-A-600 通过对 PCB 裸板上理想的、可接受的和拒收的条件制定验收规范,达到对 PCB 的工艺质量设定标准的目的。PCB 生产人员和组装人员都借助本标准对 PCB 的质量检测有更深入的认识,与此同时增强他们与供应商和客户的交流和沟通。于是,IPC-A-600 成为最为广泛使用的标准之一,自然也成了业界同人培训的必选项目。

在电子行业中有 IPCJ-STD-001 和 IPC-A-610,这两个标准是电子组装方面的两个重要标准。

其中《IPCJ-STD-001 电气和电子组装件的焊接技术要求》是以文字叙述为主,而附以图示说明的文本形式介绍了组装件装配、焊接过程中的工艺、材料、设备和工艺控制的技术要求以及装配焊接各工序的质量要求,并提出焊点的可接受标准。该标准描述了制造高质量有铅和无铅互连元件的材料、方法和审核要求。它强调流程控制并且针对电子连接的各个方面设定了行业通用的要求。《IPCJ-STD-001 电气和电子组装件的焊接技术要求》的附录将焊接过程中的工艺、材料、设备和工艺控制以及质量的技术要求以图表的方式汇总于文后,给人清晰难忘的感觉。

IPC-A-610 是以图文并茂的形式展示了各种组装要素和焊接端头的焊接质量标准要求,是标准化的目视检查的可接受标准,是组装件成品质量检验和判别的技术依据,但它不考虑产品制造的工艺和方法。各种彩色图片从不同的角度展示了焊点、焊缝或组装要素的重要特征,立体感强,直观逼真,具有判定的准确性和唯一性,避免了人们对同一观察对象的不同理解而引起的误判或争论。对于焊点的验收要求,IPCJ-STD-001D 和 IPC-A-610D 中的要求是相同的,文字表述也一致;特别是新补充的无铅焊点的验收标准的文字叙述和彩色图片,两者几乎是完全一样的。

IPCJ-STD-001 和 IPC-A-610 这两个标准是互为补充、互相关联的一套文件,其中共同部分几乎是相同的,只不过 IPCJ-STD-001 以文字表达为主、图形为辅;而 IPC-A-610 是以图形为主、文字说明为辅,其目的效果是相同的。不同的是两个文件以不同的角度观察和处理组装件,IPC-A-610 是从以质量验收为主的角度阐述组装件的目视检查验收标准;IPCJ-STD-001 是从以制造工艺和工艺控制为主的角度来阐述其技术要求和质量要求。将该两个标准互相对照,才能更全面更准确地掌握它们。

2. 中国强制认证

1) 3C 认证的内容

3C 认证是"中国强制认证",其英文名称为"China Compulsory Certification"。缩写为 CCC。CCC 认证的标志为"CCC",是国家认证认可监督管理委员会根据《强制性产品认证管理规定》(中华人民共和国国家质量监督检验检疫总局令第 5 号)制定的。

CCC 认证对涉及的产品执行国家强制的安全认证。CCC 认证的主要内容概括起来有以下几个方面。

(1) CCC 认证内容之一:按照世贸有关协议和国际通行规则,国家依法对涉及人类健康安全、动植物生命安全和健康以及环境保护和公共安全的产品实行统一的强制性产品认证制度。国家认证认可监督管理委员会统一负责国家强制性产品认证制度的管理和组织实施工作。

(2) CCC 认证内容之二:国家强制性产品认证制度的主要特点是,国家公布统一的目录,确定统一适用的国家标准、技术规则和实施程序,制定统一的标志标识,规定统一的收费标准。凡列入强制性产品认证目录内的产品,必须经国家指定的认证机构认证合格,取得相关证书并加施认证标志后,方能出厂、进口、销售和在经营服务场所使用。

(3) CCC 认证内容之三:根据我国"入"世承诺和体现国民待遇的原则,首先公布的《第一批实施强制性产品认证的产品目录》(简称《目录》)覆盖的产品是以原来的进口安全质量许可制度和强制性安全认证及电磁兼容认证产品为基础,做了适量增减。原来两种制度覆盖的产品有 138 种,此次公布的《目录》删去了原来列入强制性认证管理的医用超声诊断和治疗设备等 16 种产品,增加了建筑用安全玻璃等 10 种产品,实际列入《目录》的强制性认证产品共有 132 种。其次又发布了《实施强制性产品认证的装饰装修产品目录》(包括溶剂型木器涂料、瓷质砖、混凝土防冻剂)、《实施强制性产品认证的安全技术防范产品目录》(包括入侵探测器防盗报警控制器、汽车防盗报警系统、防盗保险柜、防盗保险箱)。

(4) CCC 认证内容之四:国家对强制性产品认证使用统一的"CCC"标志。中国强制认证标志的实施逐步取代了原来实行的"长城"标志和"CCIB"标志。

(5) CCC 认证内容之五:国家统一确定强制性产品认证收费项目及标准。新的收费项目和收费标准的制定,将根据不以营利为目的和体现国民待遇的原则,综合考虑现行收费情况,并参照境外同类认证收费项目和收费标准。

(6) CCC 认证内容之六:新的强制性产品认证制度于 2002 年 5 月 1 日起实施,有关认证机构正式开始受理申请。为保证新、旧制度顺利过渡,原有的产品安全认证制度和进口安全质量许可制度自 2003 年 8 月 1 日起废止。

2) 3C 认证标志

目前的"CCC"认证标志如图 13-7 所示。它包括以下四类。

(1) CCC+S(安全认证标志)。
(2) CCC+EMC(电磁兼容性认证标志)。
(3) CCC + S&E(安全与电磁兼容认证标志)。
(4) CCC + F(消防认证标志)。

上述四类标志每类都有大小五种规格。

(a) 安全认证标志(S)　　(b) 电磁兼容认证标志(EMC)　　(c) 安全与电磁兼容认证标志(S&EMC)　　(d) 消防认证标志(F)

图 13-7　3C 认证标志

3) 3C 认证的背景

在过去的十几年里,我国曾存在进出口检验和质量检验两套强制性认证管理体系:"CCIB"(产品安全认证)用于专门认证进口产品;"CCEE"(长城认证)用于认证在国内销售的产品。

"入世"后,为履行有关承诺,中国在产品认证认可管理方面实施"四个统一",即统一目录、统一标准、统一认证标志、统一收费。"中国强制认证"(3C 认证)应运而生。

4) 3C 认证的意义

强制性产品认证制度,是为保护广大消费者人身安全、保护动植物生命安全、保护环境、保护国家安全,依照有关法律法规实施的一种对产品是否符合国家强制标准、技术规则的合格评定制度。

3. GS 认证

GS 标志是被欧洲广大顾客接受的安全标志。通常 GS 认证产品销售单价更高，而且更加畅销。

欧共体 CE 规定，1997 年 1 月 1 日起管制"低电压指令"(LVD)。GS 已经包含了"低电压指令"(LVD)的全部要求。

1) 什么是 GS 认证

GS 的含义是德语"Geprufte Sicherheit"(安全性已认证)，也有"Germany Safety"(德国安全)的意思。GS 认证以德国产品安全法(SGS)为依据，按照欧盟统一标准 EN 或德国工业标准 DIN 进行检测的一种自愿性认证，是欧洲市场公认的德国安全认证标志。

GS 标志表示该产品的使用安全性已经通过公信力的独立机构的测试。GS 标志，虽然不是法律强制要求，但是它确实能在产品发生故障而造成意外事故时，使制造商受到严格的德国(欧洲)产品安全法的约束，所以 GS 标志是强有力的市场工具，能增强顾客的信心及购买欲望。虽然 GS 是德国标准，但欧洲绝大多数国家都认同。而且满足 GS 认证的同时，产品也会满足欧共体的 CE 标志的要求。

2) 谁有资格发 GS 证书

(1) 德国认证机构：通常在国内知名的德国本土的 GS 发证机构有 TUV RHEINLAND、TUV PRODUCT SERVICES、VDE 等，是德国直接认可的 GS 发证机构。

(2) 其他认证机构：通常欧洲其他与德国合作的 GS 发证机构有 KEMA、ITS、NEMKO、DEMKO 等。

3) 什么样的产品可以申请 GS 认证

(1) 家用电器，比如电冰箱、洗衣机、厨房用具等。

(2) 家用机械。

(3) 体育运动用品。

(4) 家用电子设备，比如视听设备；电气及电子办公设备，比如复印机、传真机、碎纸机、电脑、打印机等。

(5) 工业机械、实验测量设备。

(6) 其他与安全有关的产品如自行车、头盔、爬梯、家具等。

4. IECEE-CB 体系介绍

1) IECEE 组织简介

IECEE 是在国际电工委员会(IEC)授权下开展工作的国际认证组织，全称是"国际电工委员会电工产品合格测试与认证组织"。

IECEE 的宗旨是促进主要用于家庭、办公室、车间、保健和类似场所中使用的电工产品的国际贸易。

IECEE 推行国际认证的最终目标是一种电气产品，同一个 IEC 标准，任意地点的一次测试以及一次合格评定的结果，为全球所接受。

2) IECEE-CB 体系

IECEE-CB 体系的中文含义是"关于电工产品测试证书的相互认可体系"。

该体系是以参加 CB 体系的各成员之间相互认可(双向接受)的测试结果来获得国家级认证或批准，从而达到促进国际贸易的目的。

CB 体系适用于 IECEE 所采用的 IEC 标准范围内的电工产品。

3) IECEE-CB 体系的主要作用

企业利用从其中任一成员国的认证机构取得的 CB 测试证书，申请其他国家的认证时，可以免于重复性测试，得到其他成员国认证机构的认可，由此取得进入该国市场的准入证。

4) 中国加入 IECEE-CB 体系的情况

中国于 1990 年加入 CB 体系，是 IECEE-CB 体系的重要成员之一。中国质量认证中心(CQC)是唯一代表中国加入 CB 体系的国家认证机构，下属 12 个 CB 实验室，其中北京地区三个，上海地区五个，广州地区三个，香港特区一个。

CQC 在 CB 体系内能够颁发 CB 测试证书的范围是：电线电缆类、家用电器类、照明设备类、信息技术和办公用电器设备、电子娱乐设备、电动工具类、低压大功率设备、安装附件及连接装置、整机保护装置、器具开关及家用电器控制器、电容器、安全变压器及类似设备。

5) 企业申请 CB 证书须知

(1) 首先应该选择我国的国家认证机构(CQC)和 CB 实验室，它们有以下六个主要优势。

① 在时间安排上，CQC 及其 CB 实验室将优先处理 CB 的申请。

② 测试、认证费用较其他国家认证机构有竞争力。

③ 在检测联系及处理认证过程中有语言交流的便利。

④ 如果申请人已获得 CQC 的相应产品认证证书，可免于重复试验。

⑤ 申请人可同时申请两种证书(CB 和 CCC/CQC)，这样可有效地缩短认证时间和节省认证费用。

⑥ 鉴于 CQC 已经与一些国外认证机构签署了工厂检查的委托协议，我国境内的出口厂商可以获得多种便利和实惠。

(2) 在申请 CB 证书时，申请人应该注意先向 CQC 及 CB 实验室说明欲出口的国家或地区，以便认证机构帮助了解该国家的标准差异情况，及时安排差异试验。

(3) 申请 CB 测试证书时，可同时覆盖几个工厂场地。

(4) CB 证书必须与 CB 测试报告同时出示才有效。

(5) 根据 IECEE 的规定，CB 测试证书不能用于任何促销广告宣传。

(6) 如果中国 CQC 颁发的 CB 测试证书和 CB 测试报告在没有合理原因的情况下，未在规定的时间内得到其他国家认证机构(NCB)的认可或遭到拒绝，应及时通报 CQC 或 CB 实验室，由中国 NCB 与对方进行沟通处理。

5. ISO 9000 质量体系认证

1) 什么叫 ISO

ISO 是一个组织的英语简称，其全称是 International Organization for Standardization，翻译成中文就是"国际标准化组织"。

ISO 是世界上最大的国际标准化组织。它成立于 1947 年 2 月 23 日，前身是 1928 年成立的"国际标准化协会国际联合会"（简称 ISA）。其他如 IEC 也比较大，IEC 即"国际电工委员会"，1906 年在英国伦敦成立，是世界上最早的国际标准化组织。IEC 主要负责电工、电子领域的标准化活动。而 ISO 负责除电工、电子领域之外的所有其他领域的标准化活动。

ISO 宣称它的宗旨是"在世界上促进标准化及其相关活动的发展，以便于商品和服务的国际交换，在智力、科学、技术和经济领域开展合作"。

ISO 现有 117 个成员，包括 117 个国家和地区。

ISO 的最高权力机构是每年一次的"全体大会"，其日常办事机构是中央秘书处，设在瑞士的日内瓦。中央秘书处现有 170 名职员，由秘书长领导。

2）什么叫 ISO 9000

ISO 通过它的 2856 个技术机构开展技术活动。其中技术委员会(简称 TC)共 185 个，分技术委员会(简称 SC)共 611 个，工作组(WG)2022 个，特别工作组 38 个。

ISO 的 2856 个技术机构技术活动的成果是"国际标准"。ISO 现已制定出国际标准共 10300 多个，主要涉及各行各业各种产品的技术规范。

ISO 制定出来的国际标准除了有规范的名称之外，还有编号，编号的格式是：ISO+标准号+[杠+分标准号]+冒号+发布年号(方括号中的内容可有可无)，例如：ISO 8402：1987、ISO 9000-1：1994 等，分别是某一个标准的编号。

但是，"ISO 9000"不是指一个标准，而是一族标准的统称。根据 ISO 9000-1：1994 的定义："ISO 9000 族是由 ISO/TC176 制定的所有国际标准。"什么叫 TC176 呢？TC176 即 ISO 中第 176 个技术委员会，它成立于 1980 年，全称是"品质保证技术委员会"，1987 年又更名为"品质管理和品质保证技术委员会"。TC176 专门负责制定品质管理和品质保证技术的标准。

TC176 最早制定的一个标准是 ISO 8402：1986，名为《品质-术语》，于 1986 年 6 月 15 日正式发布。1987 年 3 月，ISO 又正式发布了 ISO 9000：1987、ISO 9001：1987、ISO 9002：1987、ISO 9003：1987、ISO 9004：1987 共五个国际标准，与 ISO 8402：1986 一起统称为"ISO 9000 系列标准"。

此后，TC176 又于 1990 年发布了一个标准，1991 年发布了三个标准，1992 年发布了一个标准，1993 年发布了五个标准；1994 年没有另外发布标准，但是对前述"ISO 9000 系列标准"统一做了修改，分别改为 ISO 8402：1994、ISO 9000-1：1994、ISO 9001：1994、ISO 9002：1994、ISO 9003：1994、ISO 9004-1：1994，并把 TC176 制定的标准定义为"ISO 9000 族"。1995 年，TC176 又发布了一个标准，编号是 ISO 10013：1995。至今，ISO 9000 族已有 17 个标准。

作为企业，只需选用如下三个标准之一。

(1) ISO 9001：1994《品质体系设计、开发、生产、安装和服务的品质保证模式》。

(2) ISO 9002：1994《品质体系生产、安装和服务的品质保证模式》。

(3) ISO 9003：1994《品质体系最终检验和试验的品质保证模式》。

3）什么叫认证

"认证"一词的英文原意是一种出具证明文件的行动。ISO/IEC 指南 2：1986 中对

"认证"的定义是："由可以充分信任的第三方证实某一经鉴定的产品或服务符合特定标准或规范性文件的活动。"

举例来说，对第一方(供方或卖方)生产的产品甲，第二方(需方或买方)无法判定其品质是否合格，而由第三方来判定。第三方既要对第一方负责，又要对第二方负责，不偏不倚，出具的证明要能获得双方的信任，这样的活动就叫"认证"。

这就是说，第三方的认证活动必须公开、公正、公平，才能有效。这就要求第三方必须有绝对的权力和威信，必须独立于第一方和第二方之外，必须与第一方和第二方没有经济上的利害关系，或者有同等的利害关系，或者有维护双方权益的义务和责任，才能获得双方的充分信任。

那么，这个第三方的角色应该由谁来担当呢？显然，非国家或政府莫属。由国家或政府的机关直接担任这个角色，或者由国家或政府认可的组织去担任这个角色，这样的机关或组织就叫"quot，认证机构"，现在，各国的认证机构主要开展如下两方面的认证业务。

(1) 产品品质认证：1971 年，ISO 成立了"认证委员会"(CERTICO)，1985 年，易名为"合格评定委员会"(CASCO)，促进了各国产品品质认证制度的发展。

现在，全世界各国的产品品质认证一般都依据国际标准进行认证。国际标准中的 60%是由 ISO 制定的，20%是由 IEC 制定的，20%是由其他国际标准化组织制定的。也有很多是依据各国自己的国家标准和国外先进标准进行认证的。

产品品质认证包括合格认证和安全认证两种。依据标准中的性能要求进行认证叫作合格认证；依据标准中的安全要求进行认证叫作安全认证。前者是自愿的，后者是强制性的。

产品品质认证工作，从 20 世纪 30 年代后发展很快。到了 50 年代，在所有工业发达国家基本得到普及。第三世界的国家多数在 70 年代逐步推行。我国是从 1981 年 4 月才成立了第一个认证机构——"中国电子器件质量认证委员会"，虽然起步晚，但起点高，发展快。

(2) 品质管理体系认证：这种认证是由西方的品质保证活动发展起来的。

通过三年的实践，BSI 认为，这种品质保证体系的认证适应面广，灵活性大，有向国际社会推广的价值。于是，在 1979 年向 ISO 提交了一项建议。ISO 根据 BSI 的建议，当年即决定在 ISO 的认证委员会"品质保证工作组"的基础上成立"品质保证委员会"。1980 年，ISO 正式批准成立了"品质保证技术委员会"(即 TC176)着手这一工作，从而促进了前述"ISO 9000 族"标准的诞生，健全了单独的品质体系认证的制度，一方面扩大了原有品质认证机构的业务范围，另一方面又促进了一大批新的专门的品质体系认证机构的诞生。

自从 1987 年 ISO 9000 系列标准问世以来，为了加强品质管理，适应品质竞争的需要，企业家们纷纷采用 ISO 9000 系列标准在企业内部建立品质管理体系，申请品质体系认证，很快形成了一个世界性的潮流。目前，全世界已有近 100 个国家和地区在积极推行 ISO 9000 国际标准，约有 40 个品质体系认可机构，认可了约 300 家品质体系认证机构，20 多万家企业拿到了 ISO 9000 品质体系认证证书，第一个国际多边承认协议和区域多边承认协议也于 1998 年 1 月 22 日和 1998 年 1 月 24 日先后在中国广州诞生。

4) 推行 ISO 9000 的作用

(1) 强化品质管理，提高企业效益；增强客户信心，扩大市场份额，负责 ISO 9000 品质体系认证的认证机构都是经过国家认可机构认可的权威机构，对企业的品质体系的审核是非常严格的。这样，对于企业内部来说，可按照经过严格审核的国际标准化的品质体系进行品质管理，真正达到法治化、科学化的要求，极大地提高工作效率和产品合格率，迅速提高企业的经济效益和社会效益。对于企业外部来说，当顾客得知供方按照国际标准实行管理，拿到了 ISO 9000 品质体系认证证书，并且有认证机构的严格审核和定期监督，就可以确信该企业是能够稳定地生产合格产品乃至优秀产品的信得过的企业，从而放心地与企业订立供销合同，扩大了企业的市场占有率。可以说，在这两方面都收到了立竿见影的效果。

(2) 获得了国际贸易"通行证"，消除了国际贸易壁垒，许多国家为了保护自身的利益，设置了种种贸易壁垒，包括关税壁垒和非关税壁垒。其中非关税壁垒主要是技术壁垒，技术壁垒主要是产品品质认证和 ISO 9000 品质体系认证的壁垒。特别是，在"世界贸易组织"内，各成员国之间相互排除了关税壁垒，只能设置技术壁垒，所以，获得认证是消除贸易壁垒的主要途径。

(3) 节省了第二方审核的精力和费用。在现代贸易实践中，第二方审核早就成为惯例，又逐渐发现其存在很大的弊端。供方通常要为许多需方供货，第二方审核无疑会给供方带来沉重的负担；另一方面，需方也需支付相当的费用，同时还要考虑派出或雇用人员的经验和水平问题，否则，花了费用也达不到预期的目的。唯有 ISO 9000 认证可以排除这样的弊端。因为作为第一方的生产企业申请了第三方的 ISO 9000 认证并获得了认证证书以后，众多第二方就不必要再对第一方进行审核，这样，不管是对第一方还是对第二方都可以节省很多精力或费用。还有，如果企业在获得了 ISO 9000 认证之后，再申请 UL、CE 等产品品质认证，还可以免除认证机构对企业的品质保证体系进行重复认证的开支。

(4) 在产品品质竞争中永远立于不败之地。国际贸易竞争的手段主要是价格竞争和品质竞争。由于低价销售的方法不仅使利润锐减，如果构成倾销，还会受到贸易制裁，所以，价格竞争的手段越来越不可取。20 世纪 70 年代以来，品质竞争已成为国际贸易竞争的主要手段，不少国家把提高进口商品的品质要求作为"限入奖出"的贸易保护主义的重要措施。实行 ISO 9000 国际标准化的品质管理，可以稳定地提高产品品质，使企业在产品品质竞争中永远立于不败之地。

(5) 有效地避免产品责任。各国在执行产品品质法的实践中，由于对产品品质的投诉越来越频繁，事故原因越来越复杂，追究责任也就越来越严格。尤其是近几年，发达国家都在把原有的"过失责任"转变为"严格责任"法理，对制造商的安全要求提高了很多。例如，工人在操作一台机床时受到伤害，按"严格责任"法理，法院不仅要看该机床机件故障之类的品质问题，还要看其有没有安全装置，有没有向操作者发出警告的装置等。法院可以根据上述任何一个问题判定该机床存在缺陷，厂方便要对其后果负责赔偿。但是，按照各国产品责任法，如果厂方能够提供 ISO 9000 品质体系认证证书，便可免赔，否则，要败诉且要受到重罚。

(6) 利于国际的经济合作和技术交流。按照国际经济合作和技术交流的惯例，合作双方必须在产品(包括服务)品质方面有共同的语言、统一的认识和共守的规范，方能进行合作与交流。ISO 9000 品质体系认证正好提供了这样的信任,有利于双方迅速达成协议。

5) 质量标准发布介绍

1987 年发布的 ISO 9000 质量管理和质量保证系列由以下五个标准组成。

(1) ISO 9000:1987《质量管理和质量保证标准——选择和使用指南》。
(2) ISO 9001:1987《质量体系——设计/开发、生产、安装和服务的质量保证模式》。
(3) ISO 9002:1987《质量体系——生产和安装的质量保证模式》。
(4) ISO 9003:1987《质量体系——最终检验和试验的质量保证模式》。
(5) ISO 9004:1987《质量管理和质量体系要素——指南》。

2000 版 ISO 9000 族由以下五项标准组成。

(1) ISO 9000 质量管理体系基础和术语。
(2) ISO 9001 质量管理体系要求。
(3) ISO 9004 质量管理体系业绩改进指南。
(4) ISO 19011 质量和环境审核指南。
(5) ISO 10012 测量控制系统。

ISO 14000 系列环境标准于 1996 年 9 月正式颁布,如表 13-1 所示。

表 13-1 ISO 14000 系列环境标准

标准号	标准内容
14001~14009	环境管理体系标准(EMS)
14010~14019	环境审核标准(EA)
14020~14029	环境标志标准(EL)
14030~14039	环境行为评价标准(EPE)
14040~14049	生命周期评估标准(LCA)
14050~14059	术语与意义
14060	产品标准中环境指标(EPAS)
14061~14100	备用

13.3 任务实施

13.3.1 编制工艺汇总表

(1) 配套明细表。
(2) 仪器仪表明细表。
(3) 工位器具明细表。
(4) 材料消耗定额表。
(5) 工时消耗定额表。

13.3.2 编制工艺顺序图表

(1) 工艺流程图。

(2) 工艺过程表。

13.3.3 编制装配工艺文件

(1) 装配工艺卡片。
(2) 工艺说明。
(3) 工艺简图。

13.4 任务检查

任务检查单如表 13-2 所示。

表 13-2 检查单

学习情境六		四路红外遥控器装置的组装与调试				
任务 13	工艺文件的编制		学时			
序号	检查项目	检查标准	自查		互查	教师检查
1	训练问题	回答得认真、准确				
2	工艺汇总表	工艺文件的完整性、正确性、一致性				
3	工艺顺序图表	根据实际情况,明确工艺流程、工艺路线				
4	装配工艺文件	全面、准确、标准化				
5	仪器工具的使用情况	使用方法正确,仪器工具选择合理				
6	规范、安全操作	是否安全操作,是否符合 6S 标准				
检查评价	班级		第 组	组长签字		
	教师签字		日期			
	评语:					

任务 14 四路红外遥控装置的组装与调试

14.1 任务描述

14.1.1 任务目标

(1) 掌握红外遥控装置的组成及工作原理。
(2) 学习工艺文件的编制方法。
(3) 熟悉电子产品从电路原理设计、PCB 设计与制作、电路组装、电路调试的整个流程。

(4) 培养学生良好的职业素养和敬业精神。

14.1.2 任务说明

要完成四路红外遥控装置，应具备以下的知识点和技能点。
(1) 红外遥控系统的基本组成方式。
(2) PT2262/ PT2272、74LS74 的引脚排列及功能。
(3) 红外发射电路与红外接收电路之间的设置关系。
(4) 红外遥控装置的调试方法。

14.2 任务资讯

14.2.1 红外遥控系统

1. 遥控系统的基本组成

一个遥控系统，一般包括下面几个环节：遥控指令输入、遥控指令生成、遥控指令发送、遥控指令接收、遥控指令解释和遥控指令执行等。

(1) 遥控指令输入：遥控指令的输入一般由按键、按钮或键盘等构成。通过该环节把预先定义的命令输入到有关电路中。

(2) 遥控指令生成：是将输入的指令变换成系统能够识别的命令从而实现对被控对象的操作。这些指令都是以电信号的形式出现的，通常有两类：模拟信号和数字脉冲信号。

(3) 遥控指令发送：是将遥控指令以一定的载体发射出去，如最常见的电视遥控就是通过红外发射管将遥控指令以红外线的形式发送出去。

(4) 遥控指令接收：是接收发送端传来的遥控命令并进行信号的变换、放大和去除干扰等处理。

(5) 遥控指令解释：是遥控指令生成电路的相反过程，主要是判断对被控对象进行怎样的操作或要求被控对象完成怎样的功能。

(6) 遥控指令执行：是整个遥控系统的终端，是遥控功能的最终完成者。

遥控电路形式多样，目前最常用的有音频遥控、超声波遥控、射频遥控和红外遥控等四大类。

2. 红外遥控原理

红外遥控是以红外线为载体来传送遥控指令的。红外线的波长界于红光和微波之间，通常认为 $0.77 \sim 3 \mu m$ 为近红外区，$3 \sim 30 \mu m$ 为中红外区，$30 \sim 1000 \mu m$ 为远红外区。红外线在通过云雾尘埃等充满悬浮粒子的空间时不易发生散射，有较强的穿透能力，还具有不易受干扰，易于产生等优点，因而广泛应用于遥控的场合。

1) 红外发射器件及其驱动电路

最常见的红外发射器件是红外发光二极管(IR LED)。常用的红外发光二极管驱动电路是三极管驱动电路，如图 14-1 所示。

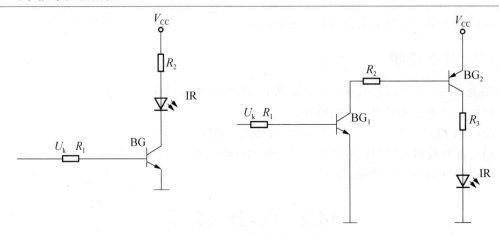

图 14-1　红外发光二极管驱动电路

2) 红外接收器件

红外接收器件是一种光敏器件，其作用是将所接收的光信号转变成电信号。最常见的红外接收器件是光敏二极管。红外接收器件所接收的信号一般都很微弱，需进行放大，图 14-2 所示是几种常见的放大电路。

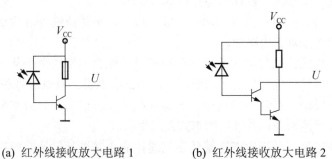

(a) 红外线接收放大电路 1　　　　(b) 红外线接收放大电路 2

图 14-2　红外接收器放大电路

对于图 14-2(a)，R 的选取很重要。一般选 50kΩ左右，可以较好地满足暗电流时三极管截止、光电流时三极管饱和的要求。

对于图 14-2(b)，主要优点是电路的放大倍数更大，灵敏度比图 14-2(a)高。

3) 红外遥控信号的调制与解调

红外脉冲信号的波形如图 14-3 所示。其特点是在 t_1-t_2，t_3-t_4 时间有脉冲发生且频率较高，其余时间没有红外光发生。采用调制信号传输遥控指令的优点是发射功率大，抗干扰能力强。在已调制信号中，信号的包络称为调制信号，其波形反映了遥控指令的具体内容，高频脉冲称为载波，是遥控指令的载体。

图 14-4 是两种常见的红外调制发射电路。图 14-4(a)是一种常见的调制电路，这里与门实际上是一个电子开关。当调制信号为高电平时，载波通过与门驱动三极管，使红外发射管 IR 发出与载波同频的红外光。当调制信号为低电平时，三极管截止，IR 无输出。图 14-4(b)是另一种常见的调制电路，其原理是利用调制信号控制载波发生器的振荡与否。当调制信号为高电平时，BG_2 导通，进而 BG_1 饱和导通，载波发生器获得工作电压，产生振荡并驱动 BG_3，使 IR 发出与载波同频的红外光。当调制信号为低电平时，BG_2 截止，同

时 BG_1 也截止，载波发生器不振荡，IR 无输出。

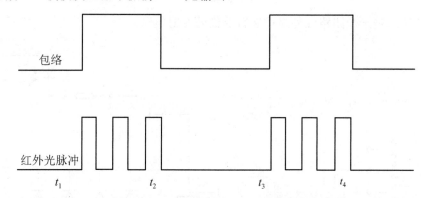

图 14-3　红外遥控信号的调制与解调

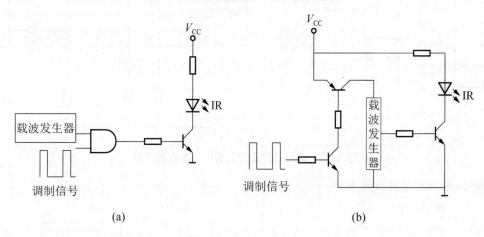

图 14-4　红外调制发射电路

解调电路的作用是从已调信号中取出调制信号，即信号的包络成分。目前常用的解调电路有专用集成电路 CX20106 和微型红外接收头。两者都具有接收、放大和解调的功能。其中微型红外接收头以其价格低廉、使用方便而倍受欢迎。

微型红外接收头可以完成从接收、放大、选频到输出的全过程，可接收的脉冲红外调制信号的载频有 32.75kHz、36.7kHz、38kHz、40kHz 四种，当发射器的载频偏离中心频率 1kHz 时，灵敏度有较大的下降。

14.2.2　家用多路红外遥控装置

制作一个多路遥控装置，实现对常用家用电器的遥控。

由于是家庭使用，一般遥控距离不可能很远，而且被控对象均在视线内，因此非常适合使用红外遥控。考虑到产品的通用性和功能的专一性，应采用编、解码遥控方式。另外由于被控对象较多，希望能实现多路遥控，即应有多路数据输出。考虑上述原因，可选择具有编、解码功能的多路红外遥控电路。

1. 家用四路红外遥控装置电路

图 14-5 所示是一个四路红外遥控装置的红外发射电路。

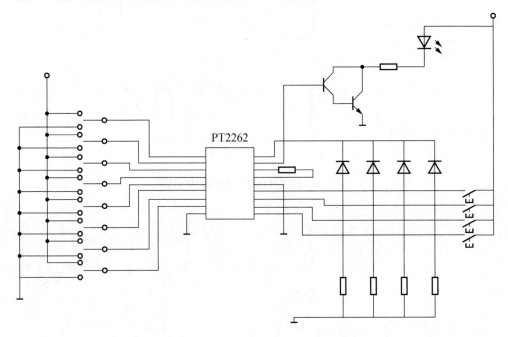

图 14-5　四路红外遥控装置的红外发射电路

图 14-6 所示是其接收电路。

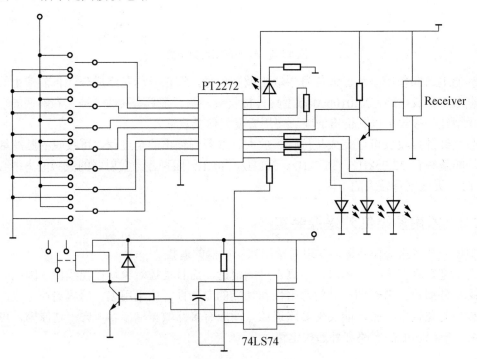

图 14-6　四路红外遥控装置的红外接收电路

图 14-7 所示是接收电路的稳压电源电路。

2. PT2262/PT2272、74LS74 引脚说明

(1) PT2262 引脚排列如图 14-8 所示。

① A0~A11：1~8、10~13 地址管脚，用于进行地址编码，可置为"0""1""f"(悬空)。

② D0~D5：7~8、10~13 数据输入端。

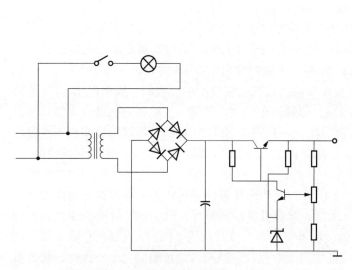

图 14-7 红外接收电路的稳压电源

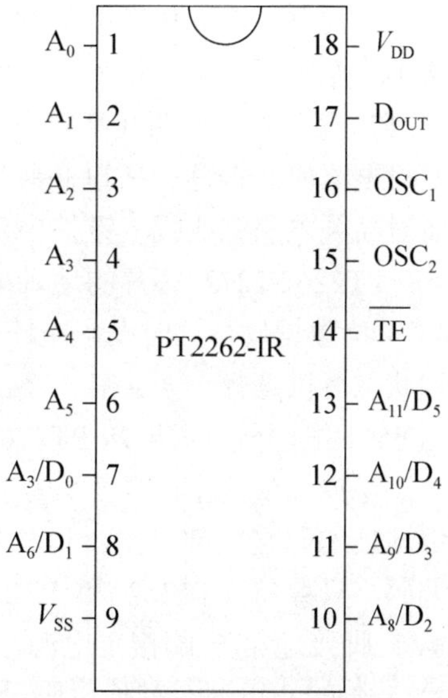

图 14-8 PT2262 引脚图

③ V_{DD} 18：电源正端(+)。

④ V_{SS} 9：电源负端(-)。

⑤ $\overline{TE}$ 14：编码启动端(低电平有效)。

⑥ OSC_1 15、OSC_1 16：接振荡电阻。

⑦ D_{out} 17：编码输出端。

(2) PT2272 引脚如图 14-9 所示。

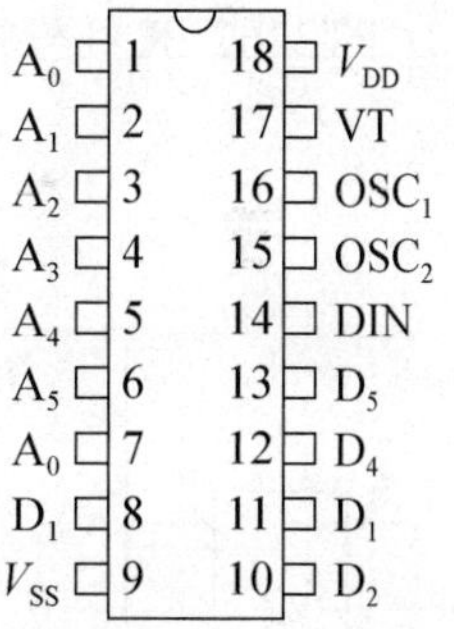

① A0~A11：1~8、10~13 地址管脚，用于进行地址编码，可置为"0""1""f"(悬空)，必须与 2262 一致，否则不解码。

② D0~D5：7~8、10~13 地址或数据管脚，当作为数据管脚时，只有在地址码与 2262 一致，数据管脚才能输出与 2262 数据端对应的高电平，否则输出为低电平。

图 14-9 PT2272 引脚图

③ V_{DD} 18：电源正端(+)。

④ V_{SS} 9：电源负端(-)。

⑤ DIN 14：数据信号输入端，来自接收模块输出端。

⑥ OSC_1 16：振荡电阻输入端，与 OSC_2 所接电阻决定振荡频率；OSC_2 15 振荡电阻振荡器输出端。

⑦ VT 17：解码有效确认输出端(常低)解码有效变成高电平(瞬态)。

PT2262/PT2272 是中国台湾普城公司生产的一种 CMOS 工艺制造的低功耗低价位通用编解码电路，设定的地址码和数据码从 17 脚串行输出，可用于无线遥控发射电路。

编码芯片 PT2262 发出的编码信号由：地址码、数据码、同步码组成一个完整的码字，解码芯片 PT2272 接收到信号后，其地址码经过两次比较核对后，VT 脚才输出高电平，与此同时相应的数据脚也输出高电平，如果发送端一直按住按键，编码芯片也会连续发射。

当发射机没有按键按下时，PT2262 不接通电源，其 17 脚为低电平，所以高频发射电路不工作，当有按键按下时，PT2262 得电工作，其第 17 脚输出经调制的串行数据信号，当 17 脚为高电平期间高频发射电路起振并发射等幅高频信号，当 17 脚为低平期间高频发射电路停止振荡，所以高频发射电路完全受控于 PT2262 的 17 脚输出的数字信号，从而对高频电路完成幅度键控(ASK 调制)相当于调制度为 100%的调幅。

PT2262/2272 芯片的地址编码设定和修改：在通常使用中，我们一般采用 8 位地址码和 4 位数据码，这时编码电路 PT2262 和解码 PT2272 的第 1～8 脚为地址设定脚，有三种状态可供选择——悬空、接正电源、接地，3 的 8 次方为 6561，所以地址编码不重复度为 6561 组，只有发射端 PT2262 和接收端 PT2272 的地址编码完全相同，才能配对使用。

遥控模块的生产厂家为了便于生产管理，出厂时遥控模块的 PT2262 和 PT2272 的 8 位地址编码端全部悬空，这样用户可以很方便地选择各种编码状态，用户如果想改变地址编码，只要将 PT2262 和 PT2272 的 1～8 脚设置相同即可，例如将发射机的 PT2262 的第 1 脚接地第 5 脚接正电源，其他引脚悬空，那么接收机的 PT2272 只要也是第 1 脚接地第 5 脚接正电源，其他引脚悬空就能实现配对接收。当两者地址编码完全一致时，接收机对应的 D1～D4 端输出约 4V 互锁高电平控制信号，同时 VT 端也输出解码有效高电平信号。用户可将这些信号加一级放大，便可驱动继电器、功率三极管等进行负载遥控开关操纵。

PT2262-IR 红外发射典型应用电路、PT2272 红外接收典型应用电路如图 14-10 所示。

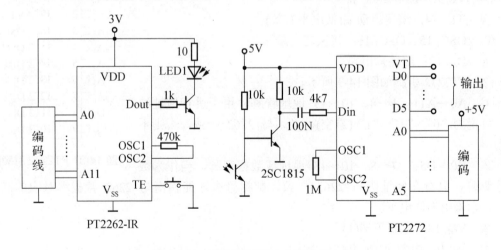

图 14-10　PT2262/2272 典型应用电路

(3) 74LS74 引脚如图 14-11 所示。

学习情境六　四路红外遥控装置的组装与调试

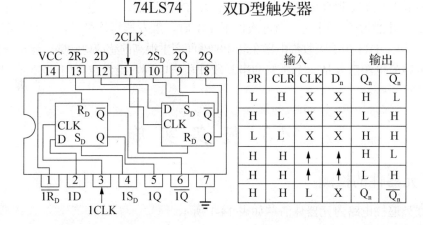

图 14-11　74LS74 引脚图

3. 四路红外遥控装置的工作原理

PT2272 是一款用以解码的芯片，编码芯片 PT2262 发出的编码信号由地址码、数据码、同步码组成一个完整的码字，解码芯片 PT2272 接收到信号后，其地址码经过两次比较核对后，VT 脚才输出高电平，与此同时，相应的数据脚也输出高电平，如果发送端一直按住按键，编码芯片也会连续发射。当发射机没有按键按下时，PT2262 不接通电源，其 17 脚为低电平，所以 315MHz 的高频发射电路不工作，当有按键按下时，PT2262 得电工作，其第 17 脚输出经调制的串行数据信号，当 17 脚为高电平期间 315MHz 的高频发射电路起振并发射等幅高频信号，当 17 脚为低平期间 315MHz 的高频发射电路停止振荡，所以高频发射电路完全受控于 PT2262 的 17 脚输出的数字信号，从而对高频电路完成幅度键控(ASK 调制)相当于调制度为 100%的调幅。

发射电路采用 8 位地址编码，共 4 路数据输出。开关 S1～S8 可设置地址码，每个开关可分别接电源、地和悬空，共有 3561 种状态。K1～K4 为 4 路输出的控制按钮，分别控制 4 个不同的被控对象。当按钮按下，对应的数据输入端为高电平，同时电源接通，此时电路产生编码，经集成电路内部的调制电路生产频率约为 38kHz 的 ASK 信号，由 17 脚输出并通过由 BG3、BG4 和红外发光二极管 D2 组成的驱动电路将红外线发射出来。

接收电路使用的解码芯片 PT2272 为非锁存形式。接收电路采用频率为 38kHz 的微型红外接收头(Receiver)，当接收到发射端发射的载频为 38kHz 的红外信号后，接收头完成放大、解调等过程，输出数字编码信号，经 BG5 放大后输出至 PT2272 的 14 脚，在集成电路内部进行对码。当接收电路的地址编码(通过设置 S9～S16 的位置实现)与发射电路地址码一致时，17 脚电位由低变高，发光二极管 D7 亮，表明对码成功。9～13 脚为数据输出端，当发射端的 K1～K4 中任一按钮按下(即 PT2262 的 10～13 脚中某一脚为高电平时)，PT2272 的 10～13 对应脚也为高电平，其余引脚为低电平，此高电平可用于驱动负载。本电路中，第 10 脚驱动集成电路 74LS74，进而控制继电器 J。相应地，该负载受发射器的 K4 按钮控制。

74LS74 是一个双 D 触发器。R18 和 C2 的作用是保证上电后，输出端 Q 为低电平，三极管 BG6 截止，继电器不吸合，灯不亮。当发射器的 K4 按钮按下，接收端 PT2272 的第 10 脚由低电平跳变到高电平，此上升沿触发 D 触发器，使 Q 端变为高电平，三极管 BG6 导通，继电器吸合，灯亮。当再次按下 K4 时，触发器再次翻转，三极管截止，继电器不吸合，灯灭。D11 用于吸收继电器在动作的瞬间产生很高的感应电动势，保护三极管。

接收电路的电源部分是一个典型的串联线性稳压电源，当然也可用三端稳压块 7805，电路会更简单一些。

14.3 任务实施

14.3.1 元器件的检测

四路红外遥控电路的元器件清单如表 14-1 所示。

表 14-1 四路红外遥控电路的元器件清单

元器件号	型号及参数	元器件号	型号及参数	元器件号	型号及参数
R1	RT14-2kΩ	R2	RT14-360Ω	R3	RT14-360Ω
R4	RT14-1kΩ	R5	RT14-3kΩ	R6	RT14-3kΩ
R7	RT14-3kΩ	R8	RT14-3kΩ	R9	RT14-470kΩ
R10	RT14-5.1Ω	R11	RT14-300Ω	R12	RT14-1MΩ
R13	RT14-10kΩ	R14	RT14-300Ω	R15	RT14-300Ω
R16	RT14-300Ω	R17	RT14-1.5kΩ	R18	RT14-33kΩ
R19	RT14-10kΩ	W	3362-1kΩ	C1	CD11-470μF
C2	CD11-100μF	D1	2.7V	D2	SE303
D3	1N4148	D4	1N4148	D5	1N4148
D6	1N4148	D7	LED	D8	LED
D9	LED	D10	LED	D11	1N4007
D12	1N4007	D13	1N4007	D14	1N4007
D15	1N4007	BG1	2SD313F	BG2	S9014
BG3	S9014	BG4	S9014	BG5	S9014
BG6	S9014	K1	微动按钮	K2	微动按钮
K3	微动按钮	K4	微动按钮	J	5V 继电器
B	6V 变压器	Receiver	红外接收头		

14.3.2 PCB 的设计与制作

根据电原理图，用 PROTEL99 进行 PCB 设计，由于电路不太复杂，建议采用手工布线。布线时注意下列事项。

(1) 继电器、变压器、红外接收头等器件的尺寸要先测量后再安排引脚插孔。

(2) 220V 电源部分涉及的电路(即强电部分)尽量安排在一起并且在线路板的边缘，与其他电路(即弱电部分)应有一定距离以保证调试时的人身安全。如有可能应将强电部分绝缘。

(3) 电原理图中的 S1～S16 可用焊盘代替，布线时将焊盘安排在地址引脚两侧，一侧接电源，另一侧接地。用焊锡搭焊的方法实现地址编码，使用非常灵活。

14.3.3 电路组装与调试

电路如工作不正常,可按图 14-12 所示的思路进行检查。

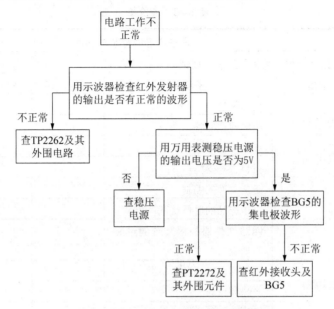

图 14-12　四路红外遥控电路检查思路

14.4　任　务　检　查

任务检查单如表 14-2 所示。

表 14-2　检查单

学习情境六		四路红外遥控器装置的组装与调试			
任务 14		四路红外遥控器装置的组装与调试	学时		
序号	检查项目	检查标准	自查	互查	教师检查
1	训练问题	回答得认真、准确			
2	PCB 的设计	元器件布局合理,印制导线、焊盘设计合理;无电气故障			
3	元器件的检测	元器件选择合理,各参数符合要求			
4	电路的组装与调试	电路工作正常,能在合适的距离内实施正确的遥控			
5	仪器工具的使用情况	使用方法正确,仪器工具选择合理			
6	规范、安全操作	是否安全操作,是否符合 6S 标准			
检查评价	班级		第　　组	组长签字	
	教师签字		日期		
	评语:				

学习情境六 成果评价

成果评价单如表 14-3 所示。

表 14-3 评价单

学习领域		电子产品的组装与调试				
学习情境六		四路红外遥控器装置的组装与调试		学时		
评价类别	项目	子项目	学生自评	学生互评	教师评价	
专业能力(70%)	资讯(10%)	搜集信息				
		引导问题回答				
	计划(10%)	计划可执行度				
		材料工具安排				
	实施(20%)	工艺文件的编制				
		电子产品的质量认证				
		四路红外遥控器装置的组装与调试				
	检查(10%)	全面性、准确性				
		故障的排除				
	过程(10%)	操作过程规范性				
		操作过程安全性				
		工具和仪表使用管理				
	结果(10%)	四路红外遥控器装置的功能质量				
社会能力(20%)	团结协作(10%)	小组成员合作状况				
		对小组的贡献				
	敬业精神(10%)	学习纪律性、独立工作能力				
		爱岗敬业、吃苦耐劳精神				
方法能力(10%)	决策能力(5%)					
	计划能力(5%)					
评价	班级		姓名	学号	总评	
	教师签字		第　组	组长签字	日期	
	评语:					

小　结

(1) 电子产品质量管理与认证包括了解电子产品制造工艺程序与管理、能描述电气和电子组装件的焊接技术要求、熟悉 CCC 认证对涉及的产品执行国家强制的安全认证及了解 GS 认证、IECEE—CB。

(2) 电子质量检验是借助某些技术手段和方法，测试电子产品的质量特性，并与既定的技术比较做出是否合格的判断。常用的有机械试验、气候试验、运输试验、特殊试验等。

(3) 电子产品制造工艺管理。工艺管理贯穿于生产的全过程，是保证产品质量、提高生产效率、安全生产、降低消耗、增加效益、发展企业的重要手段。为了稳定提高产品质量、增加应变能力、促进科技进步，企业必须加强工艺管理，提高工艺管理水平。

(4) 四路红外遥控装置的组装与调试。遥控系统的基本组成一般包括下面几个环节：指令输入、指令生成、指令发送、指令接收、指令解释和指令执行等。

(5) 四路红外遥控装置的工作原理。发射电路采用 8 位地址编码，共 4 路数据输出。开关 S1～S8 可设置地址码，每个开关可分别接电源、地和悬空，共有 3561 种状态。接收电路使用的解码芯片 PT2272 为非锁存形式。当接收到发射端发射的载频为 38kHz 的红外信号后，接收头完成放大、解调等过程，输出数字编码信号，经 BG5 放大后输出至 PT2272 的 14 脚，在集成电路内部进行对码。74LS74 是一个双 D 触发器。

思考练习六

1. 整机检验工作的主要内容有哪些？
2. 电子产品工艺管理的基本任务是什么？
3. 电子产品技术文件包括哪些内容？
4. 编制工艺文件的原则是什么？试编制一道工序的装配工艺卡片。
5. 什么是 3C 认证？3C 认证的意义是什么？
6. IECEE-CB 体系的主要作用是什么？
7. ISO 9000 质量管理和质量保证标准系列由哪几个标准组成？具体内容是什么？
8. 电子产品的例行试验主要有哪些？

附录　国际电子元器件命名方法及参数

1. 常用电气图形符号

附表1　电阻器、电容器、电感器和变压器

图形符号	名称与说明	图形符号	名称与说明
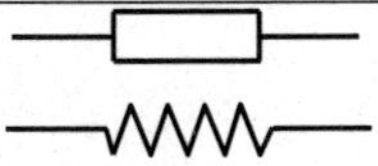	电阻器一般符号	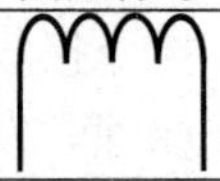	电感器、线圈、绕组或扼流图。 注：符号中半圆数不得少于3个
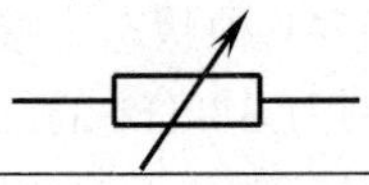	可变电阻器或可调电阻器	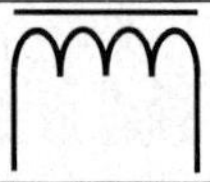	带磁芯、铁芯的电感器
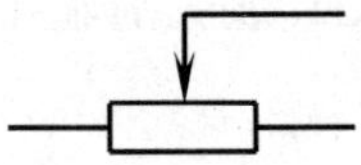	滑动触点电位器		带磁芯连续可调的电感器
	极性电容	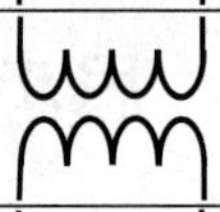	双绕组变压器。 注：可增加绕组数目
	可变电容器或可调电容器	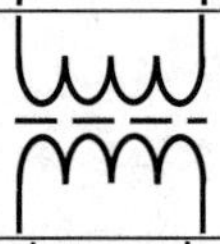	绕组间有屏蔽的双绕组变压器。 注：可增加绕组数目
	双联同调可变电容器。 注：可增加同调联数		在一个绕组上有抽头的变压器
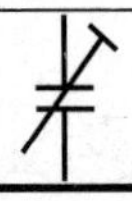	微调电容器		

附表2　半导体器件

图形符号	名称与说明	图形符号	名称与说明
	二极管的符号	(1) 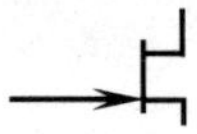 (2) 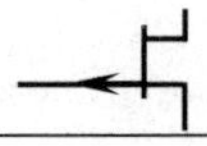	JFET 结型场效应管 (1)N 沟道 (2)P 沟道
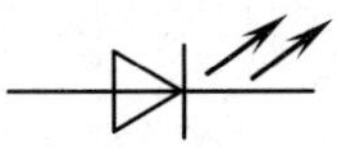	发光二极管		
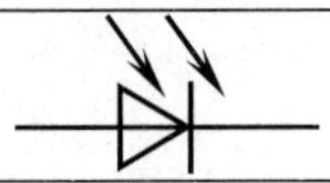	光敏二极管	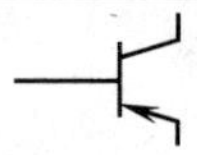	PNP 型晶体三极管
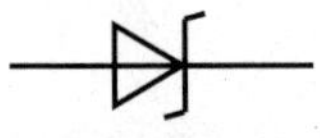	稳压二极管	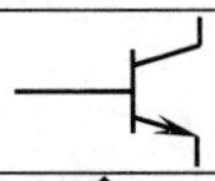	NPN 型晶体三极管
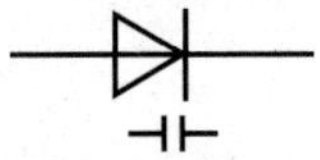	变容二极管	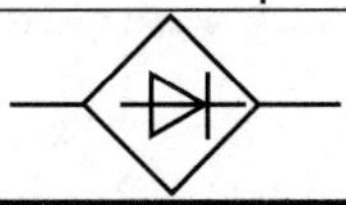	全波桥式整流器

附表3 其他电气图形符号

图形符号	名称与说明	图形符号	名称与说明
	具有两个电极的压电晶体。注：电极数目可增加		接机壳或底板
	熔断器		导线的连接
	指示灯及信号灯		导线的不连接
	扬声器		动合(常开)触点开关
	蜂鸣器		动断(常闭)触点开关
	接大地		手动开关

2. 常用电子元器件型号命名法及主要技术参数

附表4 几种单相桥式整流器的参数

参数 型号	不重复正向浪涌电流/A	整流电流/A	正向电压降/V	反向漏电/μA	反向工作电压/V	最高工作结温/℃
QL1	1	0.05	≤1.2	≤10	常见的分挡为：25，50，100，200，400，500，600，700，800，900，1000	130
QL2	2	0.1				
QL4	6	0.3				
QL5	10	0.5				
QL6	20	1				
QL7	40	2		≤15		
QL8	60	3				

附表5 3AX51(3AX31)型半导体三极管的参数

	原型号	3AX31				测试条件
	新型号	3AX51A	3AX51B	3AX51C	3AX51D	
极限参数	P_{CM}(mW)	100	100	100	100	$T_a = 25℃$
	I_{CM}(mA)	100	100	100	100	
	T_{jM}(°C)	75	75	75	75	
	BV_{CBO}(V)	≥30	≥30	≥30	≥30	$I_C = 1mA$
	BV_{CEO}(V)	≥12	≥12	≥18	≥24	$I_C = 1mA$

续表

原型号		3AX31				测试条件	
新型号		3AX51A	3AX51B	3AX51C	3AX51D		
直流参数	$I_{CBO}(\mu A)$	≤12	≤12	≤12	≤12	$V_{CB}=-10V$	
	$I_{CEO}(\mu A)$	≤500	≤500	≤300	≤300	$V_{CE}=-6V$	
	$I_{EBO}(\mu A)$	≤12	≤12	≤12	≤12	$V_{EB}=-6V$	
	h_{FE}	40～150	40～150	30～100	25～70	$V_{CE}=-1V$	$I_C=50mA$
交流参数	$f_\alpha(kHz)$	≥500	≥500	≥500	≥500	$V_{CB}=-6V$	$I_E=1mA$
	$N_F(dB)$	—	≤8	—	—	$V_{CB}=-2V$ $I_E=0.5mA$ $f=1kHz$	
	$h_{ie}(k\Omega)$	0.6～4.5	0.6～4.5	0.6～4.5	0.6～4.5	$V_{CB}=-6V$ $I_E=1mA$ $f=1kHz$	
	$h_{re}(\times 10)$	≤2.2	≤2.2	≤2.2	≤2.2		
	$h_{oe}(\mu s)$	≤80	≤80	≤80	≤80		
	h_{fe}	—	—	—	—		
h_{FE}色标分挡		(红)25～60；(绿)50～100；(蓝)90～150					
管 脚		(图)					

附表6 3AX81型PNP型锗低频小功率三极管的参数

型号		3AX81A	3AX81B	测试条件	
极限参数	$P_{CM}(mW)$	200	200		
	$I_{CM}(mA)$	200	200		
	$T_{jM}(^\circ C)$	75	75		
	$BV_{CBO}(V)$	-20	-30	$I_C=4mA$	
	$BV_{CEO}(V)$	-10	-15	$I_C=4mA$	
	$BV_{EBO}(V)$	-7	-10	$I_E=4mA$	
直流参数	$I_{CBO}(\mu A)$	≤30	≤15	$V_{CB}=-6V$	
	$I_{CEO}(\mu A)$	≤1000	≤700	$V_{CE}=-6V$	
	$I_{EBO}(\mu A)$	≤30	≤15	$V_{EB}=-6V$	
	$V_{BES}(V)$	≤0.6	≤0.6	$V_{CE}=-1V$ $I_C=175mA$	
	$V_{CES}(V)$	≤0.65	≤0.65	$V_{CE}=V_{BE}$ $V_{CB}=0$ $I_C=200mA$	
	h_{FE}	40～270	40～270	$V_{CE}=-1V$ $I_C=175mA$	
交流参数	$f_\beta(kHz)$	≥6	≥8	$V_{CB}=-6V$ $I_E=10mA$	
h_{FE}色标分挡		(黄)40～55 (绿)55～80 (蓝)80～120 (紫)120～180 (灰)180～270 (白)270～400			
管 脚		(图)			

附表 7　3BX31 型 NPN 型锗低频小功率三极管的参数

型　号		3BX31M	3BX31A	3BX31B	3BX31C	测　试　条　件
极限参数	P_{CM}(mW)	125	125	125	125	$T_a=25℃$
	I_{CM}(mA)	125	125	125	125	
	T_{jM}(℃)	75	75	75	75	
	BV_{CBO}(V)	−15	−20	−30	−40	$I_C=1mA$
	BV_{CEO}(V)	−6	−12	−18	−24	$I_C=2mA$
	BV_{EBO}(V)	−6	−10	−10	−10	$I_E=1mA$
直流参数	I_{CBO}(μA)	≤25	≤20	≤12	≤6	$V_{CB}=6V$
	I_{CEO}(μA)	≤1000	≤800	≤600	≤400	$V_{CE}=6V$
	I_{EBO}(μA)	≤25	≤20	≤12	≤6	$V_{EB}=6V$
	V_{BES}(V)	≤0.6	≤0.6	≤0.6	≤0.6	$V_{CE}=6V$　$I_C=100mA$
	V_{CES}(V)	≤0.65	≤0.65	≤0.65	≤0.65	$V_{CE}=V_{BE}$　$V_{CB}=0$　$I_C=125mA$
	h_{FE}	80~400	40~180	40~180	40~180	$V_{CE}=1V$　$I_C=100mA$
交流参数	$f_β$(kHz)	—	—	≥8	$f_α$≥465	$V_{CB}=-6V$　$I_E=10mA$
h_{FE} 色标分挡		(黄)40~55　(绿)55~80　(蓝)80~120　(紫)120~180　(灰)180~270 (白)270~400				
管　脚		B E C 图示				

附表 8　3DG130(3DG12) 型 NPN 型硅高频小功率三极管的参数

原型号		3DG12				测　试　条　件
新型号		3DG130A	3DG130B	3DG130C	3DG130D	
极限参数	P_{CM}(mW)	700	700	700	700	
	I_{CM}(mA)	300	300	300	300	
	BV_{CBO}(V)	≥40	≥60	≥40	≥60	$I_C=100μA$
	BV_{CEO}(V)	≥30	≥45	≥30	≥45	$I_C=100μA$
	BV_{EBO}(V)	≥4	≥4	≥4	≥4	$I_E=100μA$
直流参数	I_{CBO}(μA)	≤0.5	≤0.5	≤0.5	≤0.5	$V_{CB}=10V$
	I_{CEO}(μA)	≤1	≤1	≤1	≤1	$V_{CE}=10V$
	I_{EBO}(μA)	≤0.5	≤0.5	≤0.5	≤0.5	$V_{EB}=1.5V$
	V_{BES}(V)	≤1	≤1	≤1	≤1	$I_C=100mA$　$I_B=10mA$
	V_{CES}(V)	≤0.6	≤0.6	≤0.6	≤0.6	$I_C=100mA$　$I_B=10mA$
	h_{FE}	≥30	≥30	≥30	≥30	$V_{CE}=10V$　$I_C=50mA$
交流参数	f_T(MHz)	≥150	≥150	≥300	≥300	$V_{CB}=10V$　$I_E=50mA$　$f=100MHz$　$R_L=5Ω$
	K_P(dB)	≥6	≥6	≥6	≥6	$V_{CB}=-10V$　$I_E=50mA$　$f=100MHz$
	C_{ob}(pF)	≤10	≤10	≤10	≤10	$V_{CB}=10V$　$I_E=0$
h_{FE} 色标分挡		(红)30~60　(绿)50~110　(蓝)90~160　(白)>150				
管　脚		B E C 图示				

附表9 9011～9018 塑封硅三极管的参数

型号		(3DG)9011	(3CX)9012	(3DX)9013	(3DG)9014	(3CG)9015	(3DG)9016	(3DG)9018
极限参数	P_{CM}(mW)	200	300	300	300	300	200	200
	I_{CM}(mA)	20	300	300	100	100	25	20
	BV_{CBO}(V)	20	20	20	25	25	25	30
	BV_{CEO}(V)	18	18	18	20	20	20	20
	BV_{EBO}(V)	5	5	5	4	4	4	4
直流参数	I_{CBO}(μA)	0.01	0.5	0.5	0.05	0.05	0.05	0.05
	I_{CEO}(μA)	0.1	1	1	0.5	0.5	0.5	0.5
	I_{EBO}(μA)	0.01	0.5	0.5	0.05	0.05	0.05	0.05
	V_{CES}(V)	0.5	0.5	0.5	0.5	0.5	0.5	0.35
	V_{BES}(V)		1	1	1	1	1	1
	h_{FE}	30	30	30	30	30	30	30
交流参数	f_T(MHz)	100			80	80	500	600
	C_{ob}(pF)	3.5			2.5	4	1.6	4
	K_P(dB)							10
h_{FE} 色标分档		(红)30～60 (绿)50～110 (蓝)90～160 (白)>150						
管脚		E B C						

附表10 常用场效应三极管主要参数

参数名称	N 沟道结型				MOS 型 N 沟道耗尽型		
	3DJ2	3DJ4	3DJ6	3DJ7	3D01	3D02	3D04
	D～H	D～H	D～H	D～H	D～H	D～H	D～H
饱和漏源电流 I_{DSS}(mA)	0.3～10	0.3～10	0.3～10	0.35～1.8	0.35～10	0.35～25	0.35～10.5
夹断电压 V_{GS}(V)	<|1～9|	<|1～9|	<|1～9|	<|1～9|	≤|1～9|	≤|1～9|	≤|1～9|
正向跨导 g_m(μV)	>2000	>2000	>1000	>3000	≥1000	≥4000	≥2000
最大漏源电压 BV_{DS}(V)	>20	>20	>20	>20	>20	>12～20	>20
最大耗散功率 P_{DM}(mW)	100	100	100	100	100	25～100	100
栅源绝缘电阻 r_{GS}(Ω)	≥10^8	≥10^8	≥10^8	≥10^8	≥10^8	≥10^8～10^9	≥100
管脚	S G D 或 S D G						

3. 模拟集成电路命名法及主要技术参数

附表11 模拟集成电路命名法

第零部分		第一部分		第二部分	第三部分		第四部分	
用字母表示器件符合国家标准		用字母表示器件的类型		用阿拉伯数字表示器件的系列和品种代号	用字母表示器件的工作温度范围		用字母表示器件的封装	
符号	意义	符号	意义		符号	意义	符号	意义
C	中国制造	T	TTL		C	0~70℃	W	陶瓷扁平
		H	HTL		E	-40~85℃	B	塑料扁平
		E	ECL		R	-55~85℃	F	全封闭扁平
		C	CMOS		M	-55~125℃	D	陶瓷直插
		F	线性放大器				P	塑料直插
		D	音响、电视电路				J	黑陶瓷直插
		W	稳压器				K	金属菱形
		J	接口电路				T	金属圆形

例：

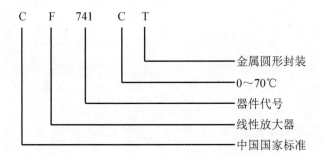

参 考 文 献

[1] 戴树春. 电子产品装配与调试[M]. 北京：机械工业出版社，2011.
[2] 李光兰. 电子产品组装与调试[M]. 天津：天津大学出版社，2010.
[3] 何杰. 电子产品组装与调试实训教程[M]. 北京：北京大学出版社，2013.
[4] 刘松. 电子产品组装调试与设计制作[M]. 北京：人民邮电出版社，2012.
[5] 谭云峰. 电子产品整机装配与调试[M]. 重庆：重庆大学出版社，2012.
[6] 刘南平. 电子产品组装、调试、设计与制作实训[M]. 北京：北京师范大学出版社，2011.
[7] 邓延安. 电子设计与制作简明教程[M]. 北京：中国水利水电出版社，2013.
[8] 赵宇昕. 电子产品制作项目教程[M]. 北京：机械工业出版社，2013.